Kaninchen

AUTORIN: GABRIELE LINKE-GRÜN | FOTOGRAFIN: MONIKA WEGLER

Inhalt

So sind Kaninchen

Kaninchen haben viele Freunde unter uns Menschen. Und nicht von ungefähr gehören sie mit zu den beliebtesten Heimtieren. Doch leider werden sie nur allzu oft unterschätzt. Ihre artgerechte Haltung ist anspruchsvoll, wenn man den Tieren ein lebenswertes Dasein in unserem Zuhause bieten möchte.

Wie Kaninchen in der Natur leben

Gleich ob Deutscher Riese mit seinem stolzen Gewicht von bis zu 11 Kilogramm oder das zarte Zwergkaninchen mit etwa zwei Kilogramm Lebendgewicht: Die Vorfahren aller Hauskaninchen sind Wildkaninchen. Und trotz des jahrhundertelangen Zusammenlebens mit uns Menschen unterscheiden sich Hauskaninchen in Wesen und Verhalten kaum von ihren wilden Ahnen (→ Seite 13).

Der Clan bietet Schutz

Wildkaninchen leben in einzelnen Gruppen von bis zu zehn Tieren zusammen in einer Kolonie, die mehr als 100 Kaninchen umfassen kann. Innerhalb der Kaninchengesellschaft herrscht eine strenge Rangordnung. Sie wird in mehr oder weniger heftigen Kämpfen zwischen den jeweiligen Geschlechtern ausgetragen. Allerdings verläuft das »Kräftemessen« nach festen Regeln, sodass keiner der Rivalen oder Rivalinnen ernsthaft verletzt wird. Ist der soziale Status ausgefochten und jedes Tier erkennt seine Stellung innerhalb des Clans an, verläuft das Leben – bis auf kleine Meinungsverschiedenheiten – friedlich in geregelten Bahnen. Es wird gemeinsam an der Bauerweiterung gearbeitet. Es gibt Wächter, die die anderen warnen, sobald ein Feind auftaucht, oder man pflegt engen Kontakt, indem man sich gegenseitig dort das Fell beknabbert, wo man selbst nicht hinkommt.

Was Hauskaninchen brauchen Wenn Sie Ihren Kaninchen ein artgerechtes Leben bieten wollen, steht an erster Stelle der Artgenosse. Ein einzeln gehaltenes Kaninchen ist einsam. Es kann sich nicht unterhalten, hat keinen Partner zum Kuscheln oder »Spielen«. Wir Menschen können Mümmel den Artgenossen keinesfalls ersetzen, selbst wenn er sich noch so anhänglich zeigt.

Was Mümmel & Co. alles können

Haben Sie schon einmal Kaninchen in freier Natur beobachtet? Dann wissen Sie vermutlich zumindest, dass sie blitzschnell in ihrem Bau verschwinden, sobald sie ein ungewohntes Geräusch hören oder etwas wittern, das ihnen nicht geheuer vorkommt. Doch Kaninchen können noch viel mehr als nur schnell laufen.

Rennen, hoppeln, Haken schlagen

Wenn es von einem Feind verfolgt wird, erreicht ein Wildkaninchen über kurze Strecken eine Geschwindigkeit von bis zu 40 Stundenkilometern.

Der blau-weiße Mischling Pumuckel frönt seiner Leidenschaft: buddeln, was das Zeug hält. Dabei werden auch die Krallen abgenutzt.

Wesentlich gemächlicher geht es dagegen beim Hoppeln zu. Diese Fortbewegungsart zeigt ein Kaninchen nur dann, wenn es sich sicher fühlt, entspannt ist und sein Umfeld genau kennt.
Am erstaunlichsten ist Mümmels Fähigkeit, bis zu einem Meter hohe Luftsprünge zu machen und sich dabei um 180 Grad in der Luft zu drehen. So ändert das Kaninchen plötzlich und unerwartet seine Laufrichtung und kann nicht selten auf diese Weise seinen Verfolger abschütteln. Doch Luftsprünge und Hakenschlagen sind nicht allein eine Verteidigungsstrategie. Gesprungen wird auch aus purer Lebensfreude, um sich fit zu halten oder um sich bei Meinungsverschiedenheiten mit Artgenossen aus der »Schusslinie« zu bringen. Und während des Paarungsrituals versucht die Häsin mit Sprüngen und Haken den Rammler hinter sich herzulocken.

Was Hauskaninchen brauchen Um gesund und fit zu bleiben, ist ausreichend Bewegung das A und O für Kaninchen. Und das setzt eines voraus: Die Tiere brauchen viel Platz (→ Seite 23). Enge Käfige und kein oder wenig Auslauf machen die Hoppler krank. Stellen Sie sich vor, Sie müssten Ihr Leben eingesperrt in einer winzigen Zelle verbringen. Durch Bewegungsmangel wird das Kaninchen dick, was zu Herz-Kreislauf-Erkrankungen oder offenen Pfoten mit nässenden Geschwüren führen kann. Seine Knochen werden schwach – schon beim Hochheben kann sein Rückgrat brechen. Die Muskel-

Mückmück springt gern über niedrige Hürden. Kaninchen-Sprungmeister bringen es auf etwa einen Meter Höhe und bis zu zwei Meter Weite.

Paulchen, das Holländer-Kaninchen, hat ausgiebig im Freigehege herumgetollt. Jetzt ist Entspannung angesagt, bevor es in die nächste Hoppelrunde geht.

masse verringert sich. Ist der Herzmuskel betroffen, kann das Tier bereits bei geringstem Stress tot umfallen. Es entwickelt Verhaltensstörungen wie etwa stundenlanges Nagen am Gitter, hockt apathisch im Käfig, weil es sich bereits aufgegeben hat, oder leckt zwanghaft sein Fell (→ SOS, Klappe hinten).

Buddeln: die angeborene Leidenschaft

Ihr unterirdischer Bau ist für Wildkaninchen ein Ort der Geborgenheit. Hier fühlen sie sich sicher, können relaxen, schlafen und sind vor Wind und Wetter geschützt. Der Bau entsteht in Gemeinschaftsarbeit. In einer einzigen Nacht kann ein Wildkaninchen eine 1,80 Meter lange Röhre graben. Dabei wird Erde mit den Vorderpfoten losgekratzt und mit den kräftigen Hinterbeinen nach hinten weggeschleudert (→ Seite 8). Die Lust zu graben ist dem Kaninchen angeboren.

Was Hauskaninchen brauchen Um ihr Buddelbedürfnis zu stillen, sollten Sie Ihren Kaninchen eine Möglichkeit zum Graben bieten (→ Seite 26 und 27). So werden die Krallen abgenutzt und müssen nicht gekürzt werden. Ihren Bau ersetzt dem Kaninchen in unserer Obhut ein Schutzhaus beziehungsweise Schlafhaus (→ Seite 25 und 28).

Nichts ist vor ihren Zähnen sicher

Kaninchen sind Pflanzenfresser. Um Futterpflanzen zu zerteilen und in kargen Winterzeiten Rinde von den Bäumen und Sträuchern zu knabbern, brauchen sie scharfe Nage- bzw. Schneidezähne. Ihre Zähne wachsen lebenslänglich, werden aber in der Natur beim Fressen abgenutzt (→ Seite 9). Auch der Nagetrieb ist den Kaninchen angeboren.

Was Hauskaninchen brauchen Sorgen Sie stets für genügend Nagematerial (→ Seite 48). Damit verhindern Sie, dass Mümmels Zähne zu lang wachsen und vom Tierarzt gekürzt werden müssen (→ Seite 44). Bekommt ein Hauskaninchen kein oder zu wenig Nagematerial, knabbert es im Gehege und beim Freilauf garantiert alles an, was nicht niet- und nagelfest ist (→ Seite 31).

Anatomie und Sinne

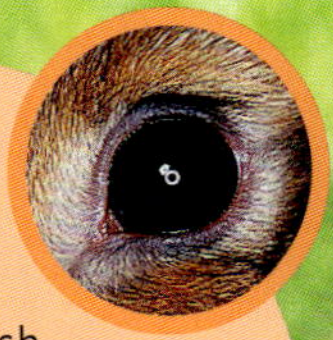

Sehen

DIE AUGEN des Kaninchens sind seitlich angeordnet. Das ermöglicht ihm eine fast komplette Rundumsicht. So kann es selbst Feinde neben, hinter oder über sich ausmachen. In der Ferne erkennt es kleinste Bewegungen, im Nahbereich sieht es weniger gut.

Riechen

DIE FEINE NASE spielt im Kaninchenleben eine große Rolle. Über Duftstoffe verständigt man sich untereinander. Aber auch für das Wittern eines Feindes oder zum Erkunden der Umwelt ist ein guter Geruchssinn »Gold« wert.

Graben

EINEN BAU BUDDELN zu können, gehört für ein Wildkaninchen zum Überleben. Das Grabeverhalten ist den Tieren angeboren – auch unseren Hauskaninchen. Zum Buddeln werden die Krallen als Werkzeug benutzt. Und weil nur ein gutes Werkzeug etwas taugt, wachsen die Krallen ständig nach und müssen permanent abgenutzt werden.

Schmecken

VORWIEGEND AUF DER ZUNGE befinden sich die rund 17 000 Geschmacksknospen des Kaninchens. Wir können lediglich mit etwa 9000 aufwarten. Kaninchen unterscheiden die Geschmacksrichtungen süß, sauer, salzig und bitter.

Nagen

NAGEMATERIAL und rohfaserreiche Kost sorgen für den Abrieb der lebenslang nachwachsenden Zähne des Kaninchens. Scharfe Schneidezähne zerteilen die Futterpflanze und zermahlen sie auf den Kauflächen der Backenzähne.

Hören

SEIN GUTES GEHÖR ist für ein Kaninchen, neben seinem guten Sehvermögen und seiner feinen Nase, eine weitere Lebensversicherung. Schon beim kleinsten verdächtigen Geräusch hebt Mümmel den Kopf, stellt die Ohren auf und verharrt reglos. Die trichterförmigen Ohrmuscheln können unabhängig voneinander gedreht und auf die Geräuschquelle ausgerichtet werden. Widderkaninchen mit ihren langen Schlappohren haben allerdings ein eingeschränktes Hörvermögen.

Fühlen

IN DER HAUT des Kaninchens sitzen Rezeptoren, die wie »Fühler« etwa auf Druck, Wärme oder Kälte reagieren. Wichtig für die Hoppler sind außerdem ihre Tasthaare, die im Mund-Nasen-Bereich, an den Wangen und über den Augen sitzen. Mit deren Hilfe können sie sich zum Beispiel sehr gut im Dunkeln orientieren.

Die Sprache der Düfte

Warum reibt Friedolin sein Kinn an allen möglichen Gegenständen, an Artgenossen und sogar an seinem vertrauten Menschen? Die Antwort ist einfach: So markiert ein Kaninchen sein vermeintliches Eigentum. Unter Mümmels Zunge sitzt die Kinndrüse. Hier wird ein – für uns geruchloses – Sekret produziert, über Poren an die Kinnunterseite abgegeben und schließlich durch Reiben des Kinns verteilt. Kaninchen kommunizieren vor allem durch Geruchsbotschaften miteinander. Doch wie gut und differenziert Kaninchen tatsächlich riechen, ist für uns kaum nachvollziehbar. Die kleinen Hoppler verfügen über etwa 100 Millionen geruchswahrnehmende Zellen in der Nasenschleimhaut. Wir dagegen können nur etwa 20 Millionen aufweisen.

Geruchsbotschaften

Sowohl in der Kinn- als auch in der Analregion hat das Kaninchen Duftdrüsen. Die verschiedenen Duftstoffe, sogenannte Pheromone, haben unterschiedliche Aufgaben:

› Um sein Revier zu markieren, überzieht ein Kaninchen seine Kotkügelchen mit einem Duftsekret aus den Analdrüsen. Wer zum Familienclan gehört, riecht dann Heimatduft. Fremde Artgenossen dagegen wissen jetzt: Hier ist das Revier einer anderen Kaninchensippe.

› Pheromone regeln die Besitzansprüche eines Kaninchens (→ oben).

› In den haarlosen Hautfalten neben der Geschlechtsöffnung liegen die Leistendrüsen. Hier wird ein intensiv süßlicher Duftstoff produziert, den wir zwar riechen, jedoch nicht interpretieren können. Artgenossen hingegen wissen anhand der persönlichen Duftnote des »Absenders« beispielsweise, welches Geschlecht er hat, ob er zum Familienclan gehört oder ob es sich um eine paarungswillige Häsin handelt. Möglicherweise gibt der persönliche Duft auch Auskunft darüber, in welcher Stimmung sich der »Produzent« gerade befindet.

Markieren mit Harn Kaninchen markieren nicht nur mit Kot, sondern auch mit Urin. So werden zum Beispiel Reviergrenzen gekennzeichnet. Der Rammler »beglückt« seine auserwählte Häsin mit einem gezielten Urinstrahl. Ranghöhere Rammler bespritzen rangniedere Männchen, Weibchen und Jungtiere mit Urin. Hierbei scheint es vor allem darum zu gehen, die Sippenmitglieder mit einem einheitlichen Geruch zu versehen.

Hinweis Das Markieren mit Harn gehört zu den natürlichen Verhaltensweisen eines Kaninchens. Besonders stark markieren vor allem unkastrierte Rammler. Aber auch kastrierte Rammler und dominante Weibchen zeigen manchmal dieses Verhalten (→ Kastration, Seite 59).

Mümmel und **seine feine Nase**

Verzichten Sie im Umgang mit Ihren Kaninchen auf Parfüms, Rasierwasser oder stark riechende Seifen an Ihren Händen. Das Tier erkennt Sie nur an Ihrem persönlichen Geruch. Auch Tabakqualm, scharfe Reinigungsmittel, staubiges Heu oder Stroh sind »Gift« für die empfindliche Nasenschleimhaut. Wohnungskaninchen tut im Winter ein Luftbefeuchter im beheizten Raum gut.

MARKIEREN Mit dem Sekret der Kinndrüse markiert das Kaninchen den Grashalm als sein Eigentum. Beim Freilauf in der Wohnung imprägnieren die kleinen Hoppler selbst Möbelstücke und vertraute Menschen mit ihrem Duftstoff. Man vermutet außerdem, dass die Markierungen den Tieren helfen, sich besser in ihrer Umgebung zurechtzufinden. So kann sich etwa ein Wildkaninchen an seinen eigenen Duftmarken orientieren und auf sicheren Pfaden schnell zum Bau gelangen.

MÄNNCHEN MACHEN Augen, Ohren und Nase bilden zusammen eine Art Frühwarnsystem, um einen Feind rechtzeitig auszumachen. Durch das Aufrichten hat das Kaninchen einen besseren Überblick, und es kann seine Ohren in Richtung einer Geräuschquelle ausrichten. In dieser Position kann es auch höhere Luftschichten auf Gerüche hin überprüfen. Es schnüffelt in verschiedene Richtungen, um die Duftquelle genau zu orten.

SCHNUPPERTEST Der Farbenzwerg muss sich ordentlich recken, um das lohfarbene Hasenkaninchen zu beschnuppern. Die Kontaktaufnahme verläuft freundlich. Beide Tiere sind entspannt.

Die Sprache des Körpers

Aufregung im Freigehege. Nebenan wurde gerade eine Motorsäge angeschaltet. Muffin, der Boss von Carinas kleinem Kaninchentrupp, klopft wild mit den Hinterpfoten auf den Boden. Sofort verschwinden alle Hoppler wie »von der Tarantel gestochen« im Schutzhaus des Geheges. Muffin hat mit dieser »Sprache« seines Körpers die anderen vor Gefahr gewarnt. Kaninchen haben eine ausgeprägte Körpersprache. Man muss sie nur zu deuten wissen.

Moritz, die Riesenschecke, hat einen Freund gefunden. Das Zwergkaninchen unterwirft sich dem großen Artgenossen, indem es unter seine Brust kriecht.

Wie ist Ihr Kaninchen gelaunt?

Wenn wir die momentane Stimmung unseres Partners erkennen, erleichtert das unser Zusammenleben. Nicht anders ist es im Alltag mit tierischen Hausgenossen. Wie Mümmel gerade gelaunt ist, drückt sich nicht nur durch seine Körperhaltung aus, sondern auch durch die Stellung seiner Ohren und des Schwänzchens, der sogenannten Blume. Die Körpersprache der Widderkaninchen mit ihren Hängeohren ist allerdings eingeschränkt. Hier müssen Sie etwas genauer hinschauen, um die Stimmung des Langohrs zu erkennen.

»Ich bin total entspannt!« Kaninchen schlafen und relaxen in verschiedenen Positionen.

› Das Tier liegt mit untergeschobenen Läufen auf dem Bauch. Die Ohren sind nach vorne gerichtet.

› Der Körper ist lang ausgestreckt und liegt etwas seitlich. Die Vorderläufe sind unter die Brust gezogen, die Hinterläufe nach hinten weggestreckt.

› Das Kaninchen sitzt mit aufgestellten Ohren in Hockstellung auf den Hinterpfoten.

»Ich fühle mich wohl!« Das Langohr wälzt sich auf der Erde oder in der Buddelkiste. Luftsprünge, wobei das Hinterteil herumgeschlenkert wird, sind ebenfalls ein Ausdruck von Wohlbefinden.

»Bitte kraule mich!« Stupst das Kaninchen Ihre Hand mit der Schnauze an, will es gestreichelt oder hinter den Ohren gekrault werden. Dabei senkt Mümmel oft Kopf und Brust auf den Boden und

Moritz ist zwar verängstigt, aber noch nicht vor Angst erstarrt. Er duckt sich, um so besonders klein und unauffällig zu erscheinen.

Verändertes **Verhalten**

Hauskaninchen zeigen infolge der Domestikation (Haustierwerdung) einige abweichende Verhaltensweisen zu den Wildkaninchen.

AUCH TAGSÜBER MUNTER Die Aktivphasen der Wildkaninchen liegen vor allem in den frühen Morgenstunden, abends in der Dämmerung und nachts. Hauskaninchen sind auch tagsüber aktiv.

FLUCHTBEREITSCHAFT Hauskaninchen haben eine deutlich niedrigere Fluchtbereitschaft uns Menschen gegenüber als Wildkaninchen.

RASCHER WECHSEL Hauskaninchen haben einen raschen Wechsel zwischen Aktivitäts- und Ruhephasen. Bei den wilden Ahnen dauern die einzelnen Phasen insgesamt länger.

streckt beides der kraulenden Hand entgegen. Wird die Hand dagegen weggestupst, hat das Tier genug vom Kraulen.

»Mit mir ist nicht zu spaßen!« Angelegte Ohren, gespannter Körper, erhobenes Hinterteil und hoch aufgerichtete Blume signalisieren Angriffslust.

»Bitte tu mir nichts!« Ein unterwürfiges Kaninchen duckt sich und macht sich klein. Hat es außerdem Angst, sind die Ohren angelegt, die Augen weit aufgerissen, und der Körper wirkt wie erstarrt.

»Ich bin neugierig, aber vorsichtig!« Ein Ohr ist nach vorne, eines nach hinten gerichtet, der Hals vorgereckt: Mümmel hat etwas Interessantes entdeckt, bleibt aber fluchtbereit. Wenn die Neugierde siegt, sind beide Ohren nach vorne gerichtet.

Die Sprache der leisen Töne

Kaninchen sind stille Tiere. Und das müssen sie auch sein, denn wer in der Natur viele Feinde hat, darf nicht durch laute Töne auffallen.

Mit den Zähnen mahlen Diesen Wohlfühllaut können Sie manchmal beim Streicheln Ihres kleinen Hopplers vernehmen.

Mit den Zähnen knirschen Das Tier hat Schmerzen. Das verraten auch sein trüber Blick und sein apathisches Verhalten.

Knurren, Fauchen, Zischen Hinter diesen Tönen stecken schlechte Laune, Unmut bis hin zur Wut. Die Warnung vor einem möglichen Angriff geht sowohl an Artgenossen wie auch an uns Menschen.

Murksen Diese Töne werden schnell hintereinander ausgestoßen und hören sich fast wie Meckern an. Das Kaninchen ist unzufrieden.

Fiepen Nestjunge rufen so nach der Mutter. Auch erwachsene kranke oder bedrängte Tiere geben manchmal diese Laute von sich.

Lautes Schreien Das Kaninchen hat Todesangst.

Auf der Suche nach den idealen Hausgenossen

Wo finden Sie Ihre Traumkaninchen? Kein Problem, werden Sie vielleicht denken. Es gibt doch genügend Zoofachgeschäfte. Das ist zwar richtig, doch hier bekommen Sie in erster Linie Zwergkaninchen. Mittlere und große Kaninchen-Rassen sind dagegen selten im Angebot, obwohl gerade sie in der Regel ein ruhigeres Wesen haben und auch vom Körperbau her weniger zart sind als die niedlichen Zwergkanichen. Das ist vor allem dann zu bedenken, wenn Kinder im Haushalt leben (→ Seite 35).

Viele Wege führen nach Rom ...

Neben den Zoofachgeschäften und Tierabteilungen in Baumärken und Gartencentern werden Kaninchen auch im Internet, in Kleinanzeigen der Tageszeitungen, in Fachzeitschriften oder auf Ausstellungen zum Kauf angeboten. Die Frage ist nur, welcher Weg ist der beste? Grundsätzlich ist es immer von Vorteil, sich ein persönliches Bild von den Haltungsbedingungen der Hoppler zu machen. Leben sie mit Artgenossen zusammen? Haben sie

Die beiden geben sich zwar kein Küsschen, aber sie teilen sich einen Grashalm. Kaninchen, die sich gut verstehen, sollte man nicht auseinanderreißen. Nehmen Sie gleich den Doppelpack.

genügend Auslauf. Ist die Unterbringung sauber? Gibt es auch ausreichend Wasser, Heu und gutes Futter? Machen alle Tiere einen gesunden Eindruck (→ rechts)? Geht man liebevoll mit den Tieren um? Werden Sie gut über die Haltung und Pflege von Kaninchen beraten? Wenn Sie diese Fragen mit Ja beantworten können, dann haben Sie die richtige »Kaninchenquelle« gefunden.

Hinweis Suchen Sie eine bestimmte Kaninchen-Rasse? Dann informieren Sie sich am besten bei einer der zahlreichen Kaninchen-Ausstellungen. Hier können Sie auch gleich Kontakt zu den entsprechenden Züchtern aufnehmen.

Kaninchen aus dem Tierheim Tausende von Kaninchen stranden aus den unterschiedlichsten Gründen in Tierheimen und den Auffangstationen privater Tierschutzorganisationen. Entweder sie wurden einfach abgeschoben, irgendwo ausgesetzt, ihre Besitzer sind umgezogen, verstorben, oder sie stammen aus ungewollten Schwangerschaften. Der Besuch im Tierheim oder in einer Auffangstation lohnt sich. Hier finden Sie sowohl junge als auch erwachsene Tiere, liebenswerte Mischlinge und manchmal sogar Rassekaninchen. Der Vorteil für Sie liegt auf der Hand: Die Kaninchen sind tierärztlich durchgecheckt und geimpft, die Rammler kastriert. Es haben sich in der Regel bereits Paare zusammengefunden, was Ihnen eine unter Umständen problematische Vergesellschaftung erspart (→ Seite 38). Und bei erwachsenen Tieren kann Ihnen das Pflegepersonal häufig Auskunft über Wesen und Veranlagung seiner Pfleglinge geben. Natürlich gibt es hier auch »Problemkinder«, die Verhaltensauffälligkeiten zeigen. Doch seien Sie unbesorgt. Kein verantwortungsvoller Tierschützer wird Ihnen als Anfänger in der Kaninchenhaltung solche Tiere vermitteln.

Gesunde Kaninchen erkennen

TIPPS VON DER KANINCHEN-EXPERTIN
Gabriele Linke-Grün

VERHALTEN Das Tier ist munter und reagiert auf seine Umwelt. Es sitzt weder apathisch in einer Ecke, noch hat es Gleichgewichtsstörungen.

KÖRPER Das Kaninchen ist weder zu dick noch deutlich abgemagert. Der Bauch ist weich.

FELL Das Fell ist dicht und glänzt, hat weder kahle Stellen noch Verkrustungen. Die Pfoten weisen keine entzündeten Stellen auf.

AUGEN Sie sind klar und offen, ohne Trübung, Ausfluss und Verklebungen.

NASE Sie ist trocken und sauber, ohne Ausfluss und Verklebungen. Das Kaninchen niest nicht auffallend häufig.

OHREN Sie sind sauber und frei von Verkrustungen. Deutlich erkennbares Ohrenspiel.

AFTER Die Analregion ist sauber und trocken, keinesfalls kotverschmiert.

ZÄHNE Die oberen Schneidezähne greifen knapp über die unteren. Ein feuchtes Kinn kann auf Probleme mit den Backenzähnen hinweisen.

Tiere mit Persönlichkeit

Jedes Kaninchen hat seine unverwechselbare Persönlichkeit. Zum einen sind es die Gene, die bestimmte Wesenszüge an einen Nachkommen vererben, zum anderen beeinflussen positive und negative Erfahrungen die Persönlichkeit des Tieres. Ebenso wie wir brauchen auch Kaninchenkinder eine »heile Welt« für eine gesunde Entwicklung. Die Kleinen lernen vom Verhalten ihrer Mutter und anderen erwachsenen Artgenossen und den Erfahrungen, die sie während der sensiblen Aufzuchtphase machen. Dazu gehört natürlich auch der frühzeitige Kontakt zu uns Menschen. Kaninchenkinder, die von Anfang an liebevoll von uns behandelt wurden, sind später oft besonders zutraulich.

Alter beim Kauf Kaninchenkinder sollten mindestens acht Wochen alt sein. Jüngere Tiere haben wesentliche Verhaltensdefizite und sind in der Regel krankheitsanfälliger.

Wer passt zu wem?

Kaninchen brauchen Artgenossen und müssen wenigstens zu zweit gehalten werden.
Doch wer verträgt sich und wer »schlägt« sich?

Gruppe Rammler und Häsin verstehen sich prächtig. Gegen unerwünschten Nachwuchs hilft die Kastration des Rammlers (→ Seite 59). Im festen Freigehege fühlen sich auch mehrere Pärchen wohl. Bei einer Dreiergruppe sollten die Häsinnen in der Mehrzahl sein.

Häsinnen Sie vertragen sich oft recht gut, wären da nicht die Hormone. In der Brunst kann es zwischen zwei Häsinnen zum Zickenkrieg kommen.

Rammler Bis zur Geschlechtsreife ist meist alles »paletti«. Doch dann kommt es oft zu erbitterten Rangordnungskämpfen. Die Frühkastration kann Abhilfe schaffen (→ Seite 59).

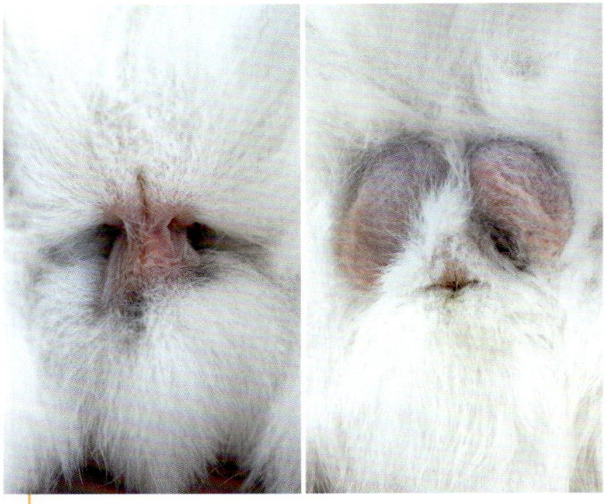

Links: Die schlitzförmige Vagina des Weibchens liegt vor dem punktförmigen After. Rechts: Das Männchen mit punktförmiger Geschlechtsöffnung.

Geschlecht bestimmen

FIXIEREN Nehmen Sie das Tier auf den Schoß. Mit der einen Hand fassen Sie es am losen Nackenfell und drehen es auf den Rücken. Der Kopf des Kanichens liegt dabei an Ihrer Brust. Greifen Sie mit Zeige- und Mittelfinger zwischen die Vorderbeine, um das Tier zu fixieren. Nun können Sie mit Daumen und Zeigefinger der anderen Hand den Genital- und Analbereich sanft auseinanderziehen.

WEIBCHEN Die schlitzförmige Geschlechtsöffnung befindet sich vor dem punktförmigen After.

MÄNNCHEN Beim Männchen ist die Geschlechtsöffnung punktförmig. Drückt man leicht auf den Unterbauch, tritt der Penis hervor. Die Hoden liegen rechts und links in Hauttaschen.

Beliebte Kaninchenrassen

Kaninchenrassen gibt es heutzutage in einer riesigen Bandbreite. Der weltweit größte Züchterverband, der Zentralverband Deutscher Rasse-Kaninchenzüchter (ZDRK → Adressen, Seite 62), erkennt in Deutschland zurzeit 88 Rassen in insgesamt 370 Farbschlägen an.

Seit wann es Kaninchenrassen gibt

Um die Mitte des 16. Jahrhunderts kannte man bereits verschiedene Fellfarben und Größen von Kaninchen. Im Jahr 1733 werden die Fellfarben Weiß, Schwarz, Grau und Gescheckt beschrieben. In einer Übersetzung aus dem Jahr 1755 wird über das sogenannte angorische Kaninchen mit langem Fell berichtet. Ab 1800 begann die Zucht der Rassen, wie man sie heute kennt, in Frankreich.

Die Einteilung der Rassen

Der ZDRK teilt die Rassen in sieben Kategorien ein.

- Abteilung I: Große Normalhaar-Rassen (über 5,5 kg Gewicht) wie etwa der Deutsche Riese.
- Abteilung II: Mittelgroße Normalhaar-Rassen (bis 5,5 kg Gewicht) wie der Blaue Wiener.
- Abteilung III: Kleine Normalhaar-Rassen (bis zu 3,75 kg Gewicht) wie das Deilenaar.
- Abteilung IV: Normalhaar-Zwergrassen (Gewicht bis 2 kg Gewicht) wie die Farbenzwerge.
- Abteilung V: Haarstruktur-Rassen (seidig glänzendes Fell und Gewicht bis 4 kg) wie das Satin.
- Abteilung VI: Kurzhaar-Rassen (Haarlänge weniger als 20 mm) wie das Rex-Kaninchen.
- Abteilung VII: Langhaar-Rassen (Haarlänge mehr als 40 mm) wie beispielsweise das Angora.

Hinweis Ein reinrassiges Kaninchen erkennt man an seiner Ohrtätowierung. Im rechten Ohr steht die Kennzahl des Zuchtvereins. Im linken Ohr finden Sie Geburtsmonat und Geburtsjahr des Tieres sowie die laufende Zuchtbuch-Nummer.

Der Riese und der Zwerg. Auch wenn sich die beiden beträchtlich in der Größe unterscheiden, haben sie dennoch die gleichen Pflegeansprüche.

Große Normalhaar-Rasse

Deutsche Riesenschecke

Gewicht Das Mindestgewicht beträgt 5 kg, das Normalgewicht 6 kg und das Höchstgewicht 10 kg. **Körperbau** Groß und gestreckt mit starkem Knochenbau. **Fell** Etwa 4 cm lang und dicht. **Farbe** Die Kopfzeichnung besteht aus dem »Schmetterling« (um die Schnauzpartie), den Augenringen, den Backenpunkten und der Ohrenzeichnung. Die Rumpfzeichnung wird vom Aalstrich und den sechs bis acht Seitenflecken gebildet. **Anerkannte Farbschläge** Schwarz-Weiß, Blau-Weiß und Havanna-Weiß. **Besonderheit** Die Haltung der Rasse braucht viel Platz.

Mittelgroße Normalhaar-Rasse

Roter Neuseeländer

Gewicht und Maße Das Mindestgewicht dieser Rasse liegt bei 3 kg, das Normalgewicht bei 4 kg und das Höchstgewicht bei 5 kg. **Körperbau** Der Körper ist walzenförmig, leicht gestreckt und vorne wie hinten gleich breit. Der Kopf ist kräftig mit ausgeprägten Backen, breiter Stirn und Schnauzpartie. **Fell** Etwa 3 cm lang und dicht. **Farbe** Die Deckfarbe ist ein intensives, sattes Rot mit gutem Glanz. Neben den Roten Neuseeländern gibt es die Weißen Neuseeländer mit reinweißem Fell. **Besonderheit** Die Rasse gilt als sehr schnellwüchsig und wurde in Amerika gezüchtet.

Mittelgroße Normalhaar-Rasse

Hasenkaninchen

Gewicht Das Mindestgewicht beträgt 2,5 kg, das Normalgewicht 3,5 kg, das Höchstgewicht 4,25 kg. **Körperbau** Er ähnelt dem des Feldhasen: lang gestreckt mit schmalem, länglichem Kopf und langen feingliedrigen Läufen. **Fell** Es ist dicht und deutlich kürzer als bei anderen mittelgroßen Normalhaar-Kaninchenrassen. **Anerkannte Farbschläge** Rotbraun, Weiß mit roten Augen (RA), lohfarbig-schwarz. **Besonderheit** Die Haltung dieser eleganten, lebhaften Rasse erfordert viel Platz. Empfohlen wird für diese sportlichen Tiere, kleine Hürden in ihr Gehege zu integrieren.

Kleine Normalhaar-Rasse

Deilenaar

Gewicht Das Mindestgewicht des Deilenaar beträgt 2,25 kg, das Normalgewicht 2,75 kg, das Höchstgewicht liegt bei 3,25 kg. **Körperbau** Kurz, gedrungen, walzenförmig. Der Kopf ist kurz, breit und dicht am Körper angesetzt. Die Ohren sind mit 9 bis 11 cm verhältnismäßig kurz, fleischig und voll behaart. **Fell** Es ist etwa 3 cm lang und dicht. **Farbe** Die Deckfarbe ist kräftig leuchtend rotbraun. Flockige Schattierung auf dem Rücken. Kinn und Bauchdeckfarbe sind lohfarbig. Die Unterfarbe ist blau. **Besonderheit** Die Rasse gilt als robust.

Kleine Normalhaar-Rasse

Kleinsilber

Gewicht Das Mindestgewicht dieses Kaninchens beträgt 2,25 kg, das Normalgewicht 2,75 kg, das Höchstgewicht liegt bei 3,25 kg. **Körperbau** Kurz gedrungen mit ebenmäßiger Rückenlinie. Der Kopf mit breiter Stirn und Schnauze ist dicht am Rumpf angesetzt. **Fell** Es ist etwa 2,5 cm lang und dicht. **Farbe** Der Silbereffekt wird durch Grannenhaare mit weißen Spitzen hervorgerufen. Volle Ausfärbung erst bei Eintritt der Geschlechtsreife. **Anerkannte Farbschläge** Gelb-Silber, Schwarz-Silber, Blau-Silber, Braun-Silber, Havanna-Silber und Hell-Silber.

Kleine Normalhaar-Rasse

Deutscher Kleinwidder

Gewicht Das Mindestgewicht des Kleinwidders beträgt 2,25 kg, das Normalgewicht 3 kg, das Höchstgewicht liegt bei 3,5 kg. **Körperbau** Breit und walzenförmig, der Nacken ist kurz und kräftig. Ausgeprägter Widderkopf mit kurzer Schnauze, breiter Stirn und Ramsnase. Beide Ohren (Behang) messen zusammen 32 bis 34 cm und hängen am Kopf herab. **Fell** Es ist etwa 3 cm lang und dicht. **Anerkannte Farbschläge** Alle Grauabstufungen, alle einfarbigen Farben einschließlich thüringerfarben, Mantelscheckungen und die Zeichnungen der Schwarzgrannen und Rhön.

Normalhaar-Zwergrasse

Hermelin

Gewicht Das Hermelin ist eine echte Zwergrasse mit einem Mindestgewicht von 1 kg, einem Normalgewicht von 1,1 bis 1,35 kg und einem Maximalgewicht von 1,5 kg. **Körperbau** Kleiner, gedrungener Körper, platte Schnauzpartie (»Froschmaul«) und kurze Ohren (4,5 cm bis höchstens 7 cm). **Fell** Kurz, dicht und weich. **Anerkannte Farbschläge** Weiß mit roten Augen und Weiß mit blauen Augen. **Besonderheit** Das Hermelin-Kaninchen ist die älteste Zwergenrasse. Auch alle farbigen Zwergkaninchen, die sogenannten Farbenzwerge, stammen vom Hermelin ab.

Normalhaar-Zwergrasse

Havanna-Loh

Gewicht, Körper, Kopf, Ohren, Fell Entspricht der Standardbeschreibung für das Hermelin. **Farbe** Die Deckfarbe ist satt dunkelbraun, glänzend und nicht mit andersfarbigen Haaren durchsetzt. Die Lohfärbung in ihrem orangegelben Farbton zeigt sich an den Nasenlöchern und der Kinnbackeneinfassung, an den Innenseiten der Ohren und um die Augen, an Brust und Bauch sowie an Innenseiten und Hinterseiten der Läufe. Auf den Zehen befinden sich stellenweise kleine lohfarbene Flecken. Augenfarbe braun, leicht rot durchleuchtend. Krallen dunkelhornfarbig.

Normalhaar-Zwergrasse

Zwergwidder

Gewicht Mindestgewicht 1,2 kg, Normalgewicht 1,4 kg bis 1,9 kg, Höchstgewicht 2 kg. **Körperbau** Der Körper ist kurz, gedrungen und breitschultrig. Der Kopf soll einen ausgeprägten Widdertypus aufweisen, mit kurzer Schnauze, breiter Stirn, starken Kinnbacken und Ramsnase. Beide Ohren haben, zusammen gemessen, eine Ideallänge von 24 bis 28 cm. In der Kopfmitte bilden sie charakteristische Erhebungen (Krone). **Anerkannte Farbschläge** Die meisten einfarbigen Farbschläge und die Zeichnungen thüringerfarbig, japanerfarbig, rhönfarbig und Mantelscheckung.

Mittelgroße Kurzhaar-Rasse

Blau-Rex

Gewicht Mindestgewicht je nach Farbschlag zwischen 2,3 kg und 2,5 kg, Normalgewicht farbabhängig von 3 kg bis über 3,5 kg, Höchstgewicht 4,5 kg. **Körperbau** Leicht gestreckt und walzenförmig. Der Kopf ist länglich mit breiter Stirn und Schnauze. **Fell** Kurzes Fell, das aus senkrecht stehenden, höchstens 2 cm langen Haaren besteht. **Anerkannte Farbschläge** Chin-Rex, Blau-Rex, Gelb-Rex, Castor-Rex, Schwarz-Rex, Havanna-Rex, Weiß-Rex, Blaugrauer Rex, Feh-Rex, Lux-Rex, Loh-Rex, Marder-Rex, Russen-Rex und Rhön-Rex, Dreifarben-Schecken-Rex und Dalmatiner-Rex.

Mittelgroße Kurzhaar-Rasse

Castor-Rex

Gewicht Mindestgewicht je nach Farbschlag zwischen 2,375 kg und 2,5 kg, Normalgewicht farbabhängig von 3 kg bis über 3,5 kg, Höchstgewicht 4,5 kg. **Körperbau** Leicht gestreckt und walzenförmig. Der Kopf ist länglich mit breiter Stirn und Schnauze. **Fell** Extrem kurzes, maulwurfartiges Fell, das aus senkrecht stehenden, höchstens 2 cm langen Haaren besteht. **Anerkannte Farbschläge** Wie Blau-Rex (→ oben). **Besonderheit** Das Rex-Kaninchen stammt aus Frankreich. Die Tiere dieser Rasse gelten als besonders lebhaft.

Mittelgroße Langhaar-Rasse

Angora

Gewicht Das Mindestgewicht beträgt 2,5 kg, das Normalgewicht über 3,5 kg, das Höchstgewicht liegt bei 5,25 kg. **Körperbau** Leicht gestreckt und walzenförmig. Der Kopf ist kurz mit breiter Stirn und Schnauze. **Fell** Schnell wachsend, gleichmäßig dicht am gesamten Körper. **Anerkannte Farbschläge** Weiß mit roten Augen, Schwarz, Blau, Grau (wildfarben), Braun, Gelb, madagaskarfarbig, chinchillafarbig, fehfarbig. **Besonderheit** Das Fell muss regelmäßig geschoren werden. Angora-Kaninchen eignen sich nicht für die Außenhaltung.

Ein schönes Heim

Damit sich Ihre Kaninchen bei Ihnen wohlfühlen, brauchen sie ein abwechslungsreich gestaltetes Heim mit erhöhten Aussichtsplätzen, genügend Verstecken und Beschäftigungsmöglichkeiten. Und ganz wichtig: viel Platz zum Rennen, Laufen und Hoppeln. Der Kaninchentraum: ein großes Freigehege mit Schutzhaus.

Je mehr Platz, desto besser

Gleich, ob groß oder klein: Alle Kaninchen brauchen Platz zum Hoppeln, Sprinten und Hakenschlagen. Mindestens zwei bis drei Quadratmeter Fläche pro Tier sollten Sie zur Verfügung stellen.

Können auch Wohnungskaninchen glücklich sein?

Die Antwort auf diese Frage geben Lucie und Ramses. Die beiden Mischlinge leben in einer Wohnung, zusammen mit Barbara, Uwe und ihrer Tochter Hannah. Lucie und Ramses sind Eigentümer eines großen doppelstöckigen Käfigs, dessen Tür immer offen ist. Das untere Stockwerk nutzen die beiden als Toilette, das obere mit großem Schlafhäuschen als Wellnessoase zum Kuscheln und Relaxen. Sie können jederzeit Ausflüge in der Wohnung unternehmen und durch eine Katzenklappe in den Innenhof des Grundstücks gelangen.

Lebensraum Jeder von uns fühlt sich auch in einem kleinen Zimmer wohl, wenn es gemütlich eingerichtet ist. Wichtig allerdings: Wir können den engen Raum jederzeit verlassen. Nicht anders geht es einem Kaninchen. Den Wildkaninchen gibt ihr Bau mit dem sogenannten Kessel als Wohnraum Sicherheit und Geborgenheit. Verhaltensforscher bezeichnen dies als Heim erster Ordnung. Das Gleiche kann ein großzügiger Käfig – allerdings mit grundsätzlich offener Tür – für Wohnungskaninchen bedeuten. Dennoch ist das Freigehege im Garten für Kaninchen die Traumwohnung schlechthin. Hier können sie ihre angeborenen Bedürfnisse wie etwa das Buddeln und Graben ausleben, Wind und Wetter spüren und auch ihre Sinne stets aufs Neue schärfen. Reinen Wohnungskaninchen müssen Sie die Natur ersetzen, wenn Sie ihnen ein glückliches Leben bieten möchten (→ Seite 27).

Luxuswohnung draußen und drinnen

Die eigenen vier Wände im Grünen sind für Kaninchen, die in unserer Obhut leben, das Größte. Aber auch in der Wohnung lassen sich gute Lebensbedingungen für die Tiere schaffen.

Das große Gartenvergnügen

Hier einige Tipps für den Bau eines Freigeheges, in dem die Tiere ganzjährig leben können.

Wichtige Überlegungen vorab Die Anlage eines Außengeheges für Kaninchen im Garten ist eine bauliche Maßnahme. Holen Sie sich deshalb vor Baubeginn das Einverständnis Ihres Vermieters ein.

Traumwohnung für Kaninchen. Das fest installierte Freigehege hat zusätzlich einen versetzbaren Auslauf auf der Wiese.

Aber selbst im eigenen Garten kann der Bau – je nach Größe – genehmigungspflichtig sein. Erkundigen Sie sich rechtzeitig bei der zuständigen Gemeinde. Sprechen Sie auch mit den Nachbarn. Besonders an heißen Tagen ist manchmal eine Geruchsbelästigung durch die Kaninchenhaltung nicht auszuschließen.

Standort Das Gehege steht am besten an einem windgeschützten, halbschattigen Platz im Garten, nicht allzu weit vom Haus entfernt. Von hier aus haben Sie Ihre Kaninchen jederzeit im Blick und können sie gut beobachten.

Pflegeleicht Denken Sie von vornherein an die anfallenden Pflegearbeiten (→ Seite 52). Deshalb ist es praktisch, wenn Sie das Gehege in aufrechter Körperhaltung betreten können. Ratsam ist eine teilweise oder komplette Überdachung des Geheges mit einem lichtdurchlässigen Material wie beispielsweise Platten aus Polyester oder Acryl.

Größe Je größer das Gehege, desto besser. Mindestanforderung für zwei bis drei Kaninchen sind sechs bis neun Quadratmeter. Nur dann lässt sich die Dauerwohnung der Mümmelmänner artgerecht einrichten. Sie können einander ausweichen, falls es mal Streit gibt, und ganz wichtig: Nur aufgrund ausreichender Bewegung sind die Tiere in der Lage, ihre Körpertemperatur auch im Winter zu halten.

Aus- und einbruchsicher Kaninchen graben mit Leidenschaft und landen ungehindert nicht selten

Eine nette Idee für drinnen und draußen: Das »Häuschen« mit Flachdach kann das Langohr gleichzeitig zum Heumümmeln nutzen.

Der luftige Weidentunnel unter den Haselnusszweigen ist ein prima Sonnenschutz, und es darf alles unbedenklich angeknabbert werden.

auf der Zaunseite, die die Freiheit bedeutet. Aber es gibt auch findige Einbrecher wie etwa Marder und Fuchs, wenn es darum geht, sich den Bauch vollzuschlagen. Deshalb muss das Gehege nicht nur an den Seiten, sondern auch oben und unten gesichert werden. Bewährt hat sich Folgendes:

› Verzinkter Volierendraht mit der Maschenweite 16 x 16 mm und 1,2 mm Drahtstärke.

› Der Boden des Außengeheges wird etwa 50 cm tief ausgeschachtet und mit rostfreiem Drahtgeflecht (Maschenweite 40 x 40 mm) ausgelegt.

› Das Bodendrahtgeflecht an den Seiten hochziehen und mit den Seitenteilen verbinden.

Das Außengehege richtig einrichten

Das gehört unbedingt in ein Freigehege im Garten:

Wetterfeste Schutzhütte Alle Kaninchen müssen darin Platz haben. Für drei mittelgroße Kaninchen reicht etwa ein Quadratmeter Fläche und 30 bis 40 cm Höhe aus. Das Baumaterial besteht aus 2 cm starkem, wasserabweisendem Holz. Innen kann die Hütte in drei Buchten unterteilt werden, damit sich Streithähne auch mal ins »Separee« zurückziehen können. Der Eingang zur Hütte ist ca. 20 cm breit und kreisförmig. Auch die Zwischenwände im Inneren des Schutzhauses brauchen einen Durchgang. Das aufklappbare Dach besteht aus einer Holzplatte mit den Maßen des Grundrisses. Vier Luftlöcher in der Platte sorgen für die gute Belüftung.

Gefährlicher **Klimawechsel**

KANINCHEN IM AUSSENGEHEGE Tiere, die ganzjährig draußen leben, darf man nicht an kalten Wintertagen in die warme Stube holen. Das begünstigt Erkältungskrankheiten.

WOHNUNGSKANINCHEN Erst Ende April, Anfang Mai die Tiere langsam an den stundenweisen Aufenthalt im Freigehege gewöhnen.

Mithilfe von Scharnieren wird die Platte an der gegenüberliegenden Außenwand des Eingangs befestigt. Darauf kommt ein Holz-Giebeldach, das mit einem wetterfesten Belag versehen wird. Die hintere Seite des Giebeldachs erhält eine Holzverkleidung. So entsteht ein regengeschützter Hohlraum, der auch als Aussichtsplatz genutzt werden kann. Die Hütte sollte immer in einem schattigen Gehegebereich stehen, am besten auf Gehwegplatten. So ist der Holzboden besser vor Verwitterung und Bodenkälte geschützt. Eine dicke Lage Heu und Stroh im Inneren der Schutzhütte sorgt für Gemütlichkeit, Knabberspaß und hält im Winter warm.

Überdachter Futterplatz Hier können die Langohren im Trockenen fressen und trinken. Platzieren Sie standfeste Futter- und Wassernäpfe aus Steingut etwas erhöht, etwa auf einen flachen Stein. So bleiben Futter und Wasser länger sauber. Streuen Sie die Futterstelle mit Heu aus.

In einer Buddelkiste kann das Kaninchen sogar in der Wohnung seiner angeborenen Leidenschaft frönen und sich austoben.

Gehegeboden Verschiedene Untergründe wie Gras, Erde, Sand und unbehandelter Rindenmulch bieten Mümmel & Co. natürliche Bedingungen. Damit sich die Erdzone nicht in eine Schlammgrube verwandelt, sollte sie am besten unter dem überdachten Teil des Geheges liegen.

Beschäftigung Für Abwechslung und Abenteuer sorgen Aussichtsplätze wie dicke Rundhölzer, umgedrehte Terrakottatöpfe und Körbe oder auch ein Baumstumpf. Aus großen Steinen, die keine scharfen Kanten haben dürfen, entsteht ein kleines »Klettergebirge«. Achten Sie auf Stabilität! Glasierte Tonröhren (aus dem Baumarkt) und Korkhöhlen animieren zum Hindurchkriechen und Verstecken. Ein Kindersandkasten aus Holz mit einem Sand-Erde-Gemisch bringt Buddelspaß.

Nagematerial Befestigen Sie Zweige zum Knabbern so hoch von innen am Gehegegitter (→ Seite 48), dass sich die Tiere danach recken müssen.

Bepflanzung Kletterpflanzen wie Wicken, Zaunwinde und Kapuzinerkresse verschönern das Gehege von außen und dürfen angeknabbert werden. Im Gehege sorgt etwa ein Haselnussstrauch für Schatten (→ SOS, Umschlag hinten). Einzeln gepflanzte Grasbüschel, Schafgarbe, Sauerampfer oder Wegwarte munden den Langohren ebenfalls.

In der Wohnung leben

Wie wichtig Bewegung für Kaninchen ist, habe ich Ihnen bereits auf Seite 6 beschrieben. Also kann ein noch so großer Käfig keinesfalls selbst den kleinen Zwergkaninchen als Dauerquartier Lebensqualität bieten. Der goldene Mittelweg heißt für mich immer noch: ein großzügiger Käfig mit stets geöffneter Tür und anschließendem, gut strukturiertem Innengehege, in das sie jederzeit hoppeln können, wenn sie Lust dazu haben (→ Freilauf, Seite 30).

Kaninchen vertragen keine Hitze. Deshalb darf das Kaninchenheim in der Wohnung nicht zu nahe an der Heizung stehen und auch nicht direkter Sonneneinstrahlung ausgesetzt sein.

Innengehege Der Fachhandel bietet unter dem Begriff »Achteck-Freigehege« ein empfehlenswertes verzinktes Gehege aus Fertigteilen mit den Maßen 80 x 75 cm pro Element inklusive Schutznetz. Es ist beliebig erweiterbar. Stellen Sie den Käfig an eine Wand, denn das Fluchttier Kaninchen sucht immer Deckung. Das Innengehege wird so um den Käfig herum gestaltet, dass das Käfigdach nicht als Sprungbrett für unerlaubte Ausflüge dient. Sichern Sie das Dach mit einer dicken Decke. So kann das Tier nicht mit den Pfoten im Gitterdach hängen bleiben. Als Fußbodenschutz eine 6 mm dicke Teichfolie unter das Gehege verlegen, darüber einen Strohteppich oder Teppichboden ohne Schlingen. Ränder außerhalb des Geheges legen, damit sie nicht angeknabbert werden. Abwechslung schaffen Wurzeln, Äste, Steine, mit Laub gefüllte Körbe und eine Korkhöhle. Auch Kartons mit Ein- und Ausgang und eine Buddelkiste aus Holz mit einem Sand-Erde-Gemisch lieben die Hoppler.

Das gehört ins Kaninchenheim

Heuraufe

AUF DEM BUFFET des Kaninchens muss rund um die Uhr Heu liegen. Man kann es in praktischen Heuraufen anbieten oder einen alten Baumwollsocken befüllen, die Fußspitze abschneiden und ihn am Gitter befestigen.

Toilette

NICHT ALLE KANINCHEN benutzen eine Toilette. Doch versuchen können Sie es im Käfig etwa mit einer Ecktoilette aus dem Zoofachhandel oder einer Keramikauflaufform. Für Innen- und Außengehege eignen sich Katzentoiletten mit Haube, jedoch ohne Klapptür. Alle Toiletten werden am besten mit handelsüblicher Kleintierstreu befüllt.

Häuschen

EIN RÜCKZUGSORT ist in jedem Kaninchenheim Pflicht. Am besten bekommt jedes Tier sein eigenes Häuschen mit jeweils einem Ein- und Ausgang. Empfehlenswert sind Holzkonstruktionen ohne Fenster mit einem Flachdach. Wichtig: Ein oder zwei Kaninchen müssen bequem ausgestreckt in einem Häuschen liegen können.

Näpfe

KERAMIK- oder Steingutnäpfe sind standfest und gut zu säubern. Stehen sie erhöht, etwa auf einem flachen Stein, bleiben Futter und Wasser länger sauber. Trinkflaschen unbedingt gründlich reinigen, sonst werden sie schnell zu »Bakterienschleudern«.

Beschäftigung

DER SNACKBALL kann mit gesunden Leckerbissen wie getrockneten Obst- und Gemüsestückchen gefüllt werden. Tolle Snackrollen aus unbehandeltem Holz gibt es unter den Namen »Roll & Schnapp« und »Rassilo«. Wer gern bastelt, kann für seine Langohren Futterketten herstellen und sie am Gitter befestigen. Das ist einfach: Abwechselnd etwa Möhren-, Paprika-, Apfel- und Selleriestückchen mit einer Stopfnadel auf eine Kordel ziehen. Fertig ist die Kette!

Brücke

BIEGSAME Weidenbrücken sind nicht nur gute Ein- und Ausstiegshilfen für den Käfig. Im Gehege animieren sie auch als Einzelelement zum Darüberlaufen. Das Naturholz darf unbesorgt angeknabbert werden.

Einstreu

IM KÄFIG hat sich eine etwa 5 cm dicke Schicht handelsübliche Kleintierstreu bewährt. Darüber kommt eine Lage Stroh. So kann der Urin nach unten fließen, und die obere Schicht bleibt länger trocken. Pelleteinstreu ist zwar saugfähig, jedoch für zarte Kaninchenpfoten zu hart.

Bewegung macht das Leben lebenswert

Unter den Hauskaninchen sind vor allem die Zwerge die Favoriten bei großen und kleinen Tierfreunden. Die kleine, zarte Statur der Zwergkaninchen verleitet so manchen zu glauben, man könne sie dauerhaft im Käfig halten. Aber natürlich ist das völlig falsch. Auch die Kleinen brauchen täglich viel Bewegung. Ausflüge in die Wohnung, wenn möglich auf den Balkon, und eine Sommerfrische im Garten oder auf der Terrasse sind bereits für die Minis der Kaninchengesellschaft ein Muss.

Gartenausflüge

Bewegung an der frischen Luft und frisches Grün tut allen Kaninchen gut (→ Seite 46).

Das versetzbare Freigehege Mobile Gehege eignen sich für einen stundenweisen Aufenthalt von Mümmel & Co. im Garten. Sie sind nicht ausbruchsicher, können jedoch verschoben werden. So haben die Kaninchen wenig Chancen, sich unter dem Gehegezaun hindurchzugraben. Solche Gehege kann man selbst bauen – etwa mit auf Holz-

Bunny, der Deutsche Riese, ist ein ausgesprochener Höhlenforscher. Mit Leidenschaft geht er »unter Deck« auf Entdeckungstour. Vielleicht findet sich hier sogar ein kleiner Leckerbissen.

rahmen gespanntem sogenanntem Hasendraht, den es auch als Meterware zu kaufen gibt. Die einzelnen Elemente können mit Scharnieren verbunden werden. Praktisch ist auch das auf Seite 27 beschriebene Innengehege. Eine empfehlenswerte Variante bietet der Schweizer Tierschutz unter dem Begriff Niesen-Hütte (→ Adressen, Seite 62).

Einrichtung Die hitzeempfindlichen Kaninchen brauchen im Freien stets einen Sonnenschutz, etwa durch einen Sonnenschirm oder ein Stück Segeltuch, das über einem Teil des Gehegedachs mithilfe von Karabinerhaken befestigt wird. Selbstverständlich dürfen auch eine Schutzhütte, in die sich die Kaninchen bei Wind und Regen zurückziehen können, Futter- und Wassernapf und beispielsweise Zweige und Äste zum Knabbern und Darüberklettern, eine Korkhöhle und ein Weidenspalier nicht fehlen (→ Foto, Seite 25).

Balkon- und Terrassenausflüge

Auch der zeitweilige Aufenthalt auf Balkon oder Terrasse regt die Sinne an. Wohnungskaninchen können lernen, durch eine Katzenklappe nach draußen zu laufen. Wenn die Balkonbrüstung etwa mit Holzrahmen, auf die Maschendraht gespannt ist, gesichert ist und der Schutz vor Greifvögeln zum Beispiel durch ein Katzennetz (aus dem Zoofachhandel) gewährleistet ist, steht einem Ausflug nichts mehr im Weg. Allerdings gelten auch hier die wie für das mobile Freigehege beschriebenen Einrichtungsvorschriften. Kalte Fliesen- oder Betonböden am besten mit einem Teppichboden ohne Schlingen oder mit einem Strohteppich auslegen. Selbst die ganzjährige Außenhaltung auf Balkon oder Terrasse ist möglich. Dies hier zu beschreiben, würde den Rahmen dieses Ratgebers sprengen. Dazu gibt es Fachliteratur (→ Bücher, Seite 62).

Wohnungsausflug ohne Gefahr

TIPPS VON DER KANINCHEN-EXPERTIN
Gabriele Linke-Grün

FREILIEGENDE ELEKTROKABEL Beim Anknabbern kann es zu einem tödlichen Stromschlag kommen. Kabel deshalb in Kanäle verlegen.

ZIMMERPFLANZEN Viele sind für Kaninchen giftig, wie etwa Alpenveilchen, Azalee oder Weihnachtsstern (→ Internetadressen, Seite 62).

TÜREN Gefahr des Einklemmens. Türen vorsichtig öffnen und schließen.

PUTZMITTEL, CHEMIKALIEN, MEDIKAMENTE Vergiftungsgefahr. Alles unerreichbar für das Kaninchen aufbewahren.

LAUFEN AUF ERHÖHTEN FLÄCHEN Das Kaninchen nie ohne Aufsicht auf dem Tisch oder anderen erhöhten Flächen laufen lassen. Ein Absturz kann zu schlimmen Knochenbrüchen führen.

SPITZE UND SCHARFE GEGENSTÄNDE An Messern, Scheren, Nadeln etc. kann sich das Kaninchen schwer verletzen.

PLASTIK Es wird gern angenagt. Verschluckte Teile können zu einem Darmverschluss führen.

Der richtige Umgang

Wer seine Kaninchen liebt und eine vertrauensvolle, entspannte Beziehung zu ihnen aufbauen möchte, muss bereits vor ihrer Anschaffung einiges dafür tun. Machen Sie sich mit dem Wesen der Langohren vertraut und respektieren Sie ihre spezifischen Eigenarten. Dann kann fast nichts mehr schiefgehen.

Vertrauen: die Basis für eine gute Beziehung

Es ist also so weit. Sie holen Ihre neuen tierischen Familienmitglieder nach Hause. Hier ist bereits alles für sie vorbereitet. Der Transport erfolgt am besten in einer stabilen Transportbox aus Kunststoff, die ein wenig »Heimatgeruch« in Form von Einstreu aus ihrem bisherigen Zuhause enthält. Für längere Transporte dürfen natürlich Heu und frisches Trinkwasser nicht fehlen.

Einzug ins neue Heim

Zu Hause angekommen, entlassen Sie Ihre Langohren in ihr eingerichtetes Gehege. Hier können die Kaninchen alles in Ruhe erkunden und mit ihren Duftmarken versehen. Die Neuankömmlinge haben viel Stress zu bewältigen: Auszug aus dem vertrauten Gehege in ein unbekanntes, den Transport, fremde Gerüche und Geräusche und fremde Menschen. Das alles zehrt an den Nerven.

Was Sie jetzt beachten sollten Für eine Vertrauensbasis, die langsam wachsen muss, ist es wichtig, dass Sie jetzt keine groben Fehler im Umgang mit den Langohren machen. Beachten Sie dazu auch die Liste auf Seite 34.

› Nähern Sie sich jedem Langohr stets von vorne und lassen Sie es an Ihrer Hand schnuppern. Gehen Sie dabei in die Hocke, denn so wirken Sie weniger »riesig« und bedrohlich auf das Tier.

› Locken Sie das Kaninchen mit einem besonderen Leckerbissen, etwa einem Petersilienstängel, zu sich. Nennen Sie dabei leise seinen Namen.

› Stören Sie Mümmel nicht, wenn er ruht, frisst oder sich in sein Häuschen zurückgezogen hat.

› Versuchen Sie niemals, das Kaninchen gewaltsam im Außengehege oder beim Freilauf in der Wohnung einzufangen. Das würde eventuell aufgebautes Vertrauen sofort zunichtemachen.

Was Kaninchen lieben und was sie hassen

Genau wie wir Menschen haben auch die Langohren Vorlieben und Dinge, die sie gar nicht mögen. Wenn Sie dies im Umgang mit Ihren Kaninchen berücksichtigen, schaffen Sie eine Atmosphäre des Vertrauens.

Tut gut

- + Sprechen Sie die Tiere stets mit sanfter, freundlicher Stimme an. Das schafft Vertrauen.
- + Verhalten Sie sich im Umgang mit dem Kaninchen ruhig und besonnen. Hektik überträgt sich auf die Langohren und versetzt sie in Unruhe.
- + Sorgen Sie beim Freilauf für Versteckmöglichkeiten. Auf freien Flächen fühlt sich das Fluchttier Kaninchen unwohl.
- + Beschäftigen Sie Ihre Kaninchen, damit keine Langeweile aufkommt, z. B. mit »Futter erarbeiten« (→ Seite 40).

Besser nicht

- − Packen Sie Mümmel nie ohne Vorbereitung von oben mit der Hand. Denn das erinnert ihn an das Zupacken eines Raubvogels und stresst ihn.
- − Laute Geräusche, wie sie etwa durch einen Bohrer, Staubsauger, Türenknallen oder laute Musik verursacht werden, versetzen Kaninchen in Panik.
- − Ziehen Sie ein Kaninchen nie an den Ohren, und necken Sie es nicht mit »spitzen Fingern«. Das verursacht den Tieren Schmerzen.
- − Zugluft, Nässe, pralle Sonne und zu trockene Heizungsluft schaden der Gesundheit der Langohren.

Kaninchen in Kinderhänden

Kinder haben Kaninchen zum Schmusen und Streicheln gern. Die Lieblinge mit ihrem Kuschelfell sollen überall dabei sein. Doch Kaninchen wollen nicht ständig hochgehoben und herumgetragen werden. Sie sind keine Streicheltiere, und sie mögen schon gar keine gemeinsamen Spielstunden mit fremden Kaninchen, die vielleicht von den Freunden der Kinder mitgebracht werden. Es liegt in der Verantwortung der Eltern, ihre Kinder mit dem Wesen und den Bedürfnissen von Kaninchen, am besten bereits vor dem Kauf, vertraut zu machen. Und auch später, wenn die Tiere eingezogen sind, müssen Eltern bereit sein, ihre Kinder im Umgang mit den Kaninchen und deren Versorgung zu unterstützen.

Hochheben und tragen

Tierärzte bestätigen, dass viele ihrer Kaninchen-Patienten sich bei einem Sturz schwer verletzt haben. Gerade Kinder lassen das Tier häufig erschreckt fallen, wenn es sich mit Zappeln und Kratzen gegen ein unsanftes, oft schmerzhaftes Hochheben und Tragen wehrt.

So ist's richtig Mit der rechten Hand wird das lose Rückenfell des Kaninchens in Höhe der Schulterblätter gegriffen. Die linke Hand stützt sofort Hinterteil und Hinterläufe des Hopplers. Beim Tragen sitzt das Kaninchen auf dem linken angewinkelten Unterarm, sodass das Tier seinen Kopf in die Armbeuge kuscheln kann, wenn es möchte. Die rechte Hand wird zur Sicherheit auf den Nacken des Hopplers gelegt. Kinder tragen Zwergkaninchen und mittelgroße Rassen am besten in einem Korb (→ Foto, Seite 36 unten). Die Fellnasen lernen sogar, von alleine dort hineinzuspringen. Sozusagen als Sicherheitsgurt sollte immer eine Hand auf dem Rücken des Tieres liegen.

Von der Wohnung auf den gesicherten Balkon und umgekehrt. Das Kaninchen hat in kürzester Zeit gelernt, durch die Katzenklappe zu springen.

Erziehung mit Herz und Verstand

Wie auch andere Tiere lernen Kaninchen durch positive und negative Erfahrungen. Gute werden gern wiederholt, schlechte dagegen vermieden.

Ein paar wichtige Erziehungsregeln

Anreize schaffen Sie möchten zum Beispiel, dass Ihr Kaninchen auf Kommando »Männchen macht«. Die beste Motivation ist ein Leckerbissen, der nicht ständig auf dem Speiseplan des Hopplers zu finden ist, wie beispielsweise ein Gemüsechip.

Der Tonfall macht's Wenn Mümmel ein erwünschtes Verhalten zeigt, wird das mit lockend freundlicher Stimme unterstützt – etwa »Hoch, Bunny«, wenn sich das Tier auf die Hinterpfoten stellen soll. Tut das Langohr etwas Verbotenes, wird der Tonfall scharf und streng – etwa »Schluss, Hermann« oder »Lass das, Susi«.

Die gleichen Worte Verwenden Sie immer die gleichen Worte, wenn Sie Ihr Langohr zur Räson rufen oder es loben.

Konsequent sein Einmal darf das Kaninchen auf dem Tisch sitzen und sich an unseren Speisen bedienen, das nächste Mal aber wird es verscheucht. Das kann das Tier nicht verstehen.

Keine Strafen Anschreien, ein Klaps mit der Hand oder gar Schläge und Tritte sind absolut tabu. Nur der unverhoffte Wasserstrahl zum Beispiel aus der

Hochheben. So gehts auch: von der Seite unter die Brust greifen und das Hinterteil abstützen.

Für Kinder. In solch einem Korb lässt sich ein Kaninchen sicher tragen.

Blumenspritze oder der Wasserpistole kann als »Strafe« eingesetzt werden. Dabei ist es wichtig, den Übeltäter auf frischer Tat zu ertappen. Nur dann verbindet er die unangenehm nasse Aktion auch mit seinem Tun.

Werden Kaninchen stubenrein?

Das lässt sich leider nicht grundsätzlich mit Ja beantworten. Manche Langohren werden stubenrein, andere dagegen nicht. Das hängt natürlich auch mit ihrem Markierungsverhalten zusammen (→ Seite 10). Doch versuchen Sie ruhig Ihr Glück.

› Meistens bevorzugen Kaninchen bestimmte Ecken, um ihre Geschäfte zu verrichten. Beliebt sind auch dunkle Verstecke. Stellen Sie an diesen Plätzen Toiletten (Zoofachhandel) auf.

› Für kleine Rassen eignen sich handelsübliche Kaninchenklos. Ich verwende auch flache Auflaufformen aus Keramik. Für mittlere und große Rassen sind Katzentoiletten mit Rand praktisch. Sie sollten so groß sein, dass sich das Tier darin ausstrecken kann. Für das Außen- und Innengehege oder den Freilauf in der Wohnung haben sich Katzentoiletten mit Haube, jedoch ohne Einstiegsklappe bewährt. Die Toiletten werden mit handelsüblicher Kleintierstreu oder Strohpellets befüllt. Verwenden Sie keinesfalls Katzenstreu. Sie verklumpt im Magen des Kaninchens, wenn es davon frisst. Das kann tödlich für das Tier enden.

› Legen Sie einige Kotkügelchen und etwas uringetränkte Einstreu in die Kaninchen-Toilette. Das vermittelt einen vertrauten Geruch. Geben Sie auch nach der Toiletten-Reinigung wieder einige »alte Geschäfte« ins Kaninchen-Klo.

› Wenn ein Tier sich lösen will, erkennen Sie das am Scharren mit den Vorderpfoten und dem auffälligen Heben seines Hinterteils.

Diese Transportbox aus Kunststoff leistet gute Dienste. Geben Sie vor dem Gebrauch ein wenig vertraut riechende Einstreu in die Box.

› Beobachten Sie dieses Verhalten, sagen Sie sofort in scharfem Ton »Nein« oder »Pfui«. Setzen Sie Ihr Langohr in die Toilette. Hopst Ihr kleiner Racker wieder aus seinem Klo hinaus, ohne dass er sein Geschäft verrichtet hat, lenken Sie ihn sanft in die Toilette zurück.

› Hat das Kaninchen brav sein Geschäft gemacht, wird es freundlich mit den Worten »Gut gemacht« und einem Leckerbissen belohnt. Das Ganze klappt natürlich nicht auf Anhieb. Hier sind Ihre Geduld und viele Wiederholungsübungen gefragt.

Hinweis Für Kaninchen, die ganzjährig im Außengehege leben, sind solche Sauberkeits-Erziehungsmaßnahmen im Einzelfall natürlich illusorisch. Versuchen Sie hier den Einsatz von Katzentoiletten mit Haube. Diese müssen jedoch häufig gereinigt werden, damit die empfindlichen Nasenschleimhäute der Langohren nicht gereizt werden.

Wenn Mümmel einen neuen Partner bekommt

Kein Kaninchen sollte einzeln gehalten werden (→ Seite 5). Selbst nach Jahren »Einzelhaft« kann man die Lebensqualität eines Langohrs durch einen Artgenossen verbessern. Doch es gibt auch den Fall, dass in einer Zweiergemeinschaft ein Partner stirbt oder dass Sie vielleicht Ihre Kaninchengruppe erweitern möchten. Obwohl die Hoppler Artgenossen unbedingt brauchen, akzeptieren sie nicht jeden auf Anhieb. Man muss seinen Status klären, man muss sich mögen und sich im wahrsten Sinne des Wortes riechen können. Eigentlich nicht viel anders als auch in unseren Kreisen.

Kaninchen und **Meerschweinchen**

AUS DER NOT GEBOREN Werden ein Meerschweinchen und ein Kaninchen zusammen gehalten, kann das durchaus friedlich für uns aussehen. Mangels Artgenossen arrangieren sich die beiden oft, obwohl sie unterschiedliche Lebensweisen haben und verschiedene Sprachen sprechen.

STRESS Wissenschaftliche Untersuchungen belegen inzwischen, dass ein Meerschweinchen in der Gemeinschaft mit einem Kaninchen unter enormem Stress leidet. Besonders kritisch wird es, wenn ein dominanter Rammler oder eine Häsin das kleinere Meerschweinchen ständig besteigen will.

GROSSE GEHEGE Mehrere Kaninchen und Meerschweinchen können in großen Gehegen zusammen gehalten werden, wenn die Meerschweinchen eigene Rückzugsmöglichkeiten haben.

Erfolgreich zusammenführen

Ebenso wie bei der Kindererziehung gibt es auch für die problemlose Vergesellschaftung von Kaninchen kein Patentrezept. Doch einige Grundregeln können den gewünschten Erfolg bringen.

› Die Kaninchen sollten in etwa gleich alt sein. Ein Jungtier wird oft von dem Älteren verfolgt und nicht selten auch gebissen.

› Die beste Kombination für eine Vergesellschaftung ist immer ein Paar – ein kastrierter Rammler und eine Häsin (→ Kastration, Seite 59). In einer Kaninchengruppe sollte ein Weibchen-Überschuss herrschen oder zumindest ein Ausgleich der Geschlechter gegeben sein.

› Das erste Kennenlernen findet am besten mit viel Platz auf neutralem Boden statt, den das alteingesessene Tier noch nicht als sein Revier markiert hat. Bei der Innenhaltung könnte das beispielsweise auch ein Kellerraum sein.

› In einem fest installierten Außengehege muss man anders vorgehen. Die Schweizer Kaninchen-Expertin Ruth Morgenegg praktiziert Folgendes seit vielen Jahren erfolgreich: Alteingesessene Tiere werden für einige Tage aus ihrem gewohnten Revier herausgenommen. Nach einer gründlichen Reinigung des Inventars wird das Gehege neu eingestreut und neu strukturiert. Erst dann entlässt sie Neuankömmlinge und Erstbewohner gemeinsam in das für alle neue Revier (→ Bücher, Seite 62).

› Verstecke sorgen für Rückzugsmöglichkeiten und entspannen die Situation. Natürlich dürfen etwa Kartons mit mehreren Ein- und Ausgängen, Korktunnel und andere Unterschlupfmöglichkeiten nicht bereits von den »Alteingesessenen« markiert sein.

Dreiergespann. Der Rammler links im Bild und die Riesenschecken-Häsin beschnuppern sich gegenseitig intensiv an der Schnauzenpartie.

Während Häsin und Rammler ihr ausgiebiges Kennenlernprogramm fortsetzen, besteigt der frühreife Dritte im Bunde ganz keck die Häsin.

› Damit »Alt« und »Neu« nicht so stark aufeinander fixiert sind, können Sie mit ausgelegten Leckerbissen wie Möhrenstücken, Kräuter oder Apfelstückchen für Ablenkung sorgen. Darauf sind beide gleichermaßen versessen.

Sich erst »schlagen«, dann vertragen

Schon einige Male konnte ich erleben, dass es auf neutralem Boden offenbar auch bei Kaninchen die »Liebe auf den ersten Blick« gibt. Leider ist das nicht die Regel. Viel eher wird in mehr oder weniger heftigen Kämpfen und Verfolgungsjagden zunächst einmal die Rangordnung festgelegt. Selbst wenn Fellbüschel fliegen, sollten Sie jetzt nicht eingreifen, sondern Ruhe bewahren. Sie tun den Langohren nichts Gutes, wenn Sie zu schnell handeln und versuchen, die Steithähne zu trennen, um sie zu einem späteren Zeitpunkt erneut zusammenzuführen. Das bedeutet jedes Mal Stress pur für die Tiere. Erst wenn sie für längere Zeit nebeneinanderliegen und anfangen, sich gegenseitig zu putzen, ist die Vergesellschaftung geglückt. Versuchen Sie jetzt, die Hoppler in ihr gemeinsames Gehege zu setzen. Hier muss alles von den Spuren des »Alteingesessenen« mit verdünntem Essigwasser gesäubert sein und auch ein neues Häuschen für den Neuankömmling zur Verfügung stehen. Bis sich die Langohren richtig gut vertragen, können wenige Stunden, aber auch Tage oder gar Wochen vergehen.

Hinweis Zu blutigen Beißereien kommt es vor allem dann, wenn zu wenig Platz vorhanden ist, es also keine Ausweichmöglichkeiten gibt und zu wenig Versteckmöglichkeiten vorhanden sind. In solch einem Fall muss man die Initiative ergreifen. Ein unverhoffter Wasserstrahl aus der Wasserpistole oder Blumenspritze wirkt manchmal Wunder. Oder aber Sie greifen, mit dicken Handschuhen »bewaffnet«, in das Kampfgeschehen ein. Bringen Sie die Tiere in separaten Räumen unter, damit sie sich beruhigen. Versuchen Sie später erneut die Vergesellschaftung. Manchmal allerdings passen zwei Tiere partout nicht zusammen.

Der Kampf gegen die Langeweile

Ein großes Problem der Kaninchenhaltung ist die Unterforderung der Tiere. Sie müssen sich nicht um Futter kümmern, keine Angst vor Feinden haben, brauchen sich um die Fortpflanzung keine Sorgen zu machen und haben keinen Nachwuchs aufzuziehen. Das klingt nach einem sorgenfreien Leben. Doch hier lässt sich wieder einmal die Parallele zu uns ziehen. Ohne sinnvolle Aufgaben ist alles langweilig. Man wird apathisch oder kommt auf die verrücktesten Ideen. So geht es auch dem Kaninchen.

Wer futtern will, muss arbeiten

Kein Kaninchen darf hungern. Doch nichts spricht dagegen, dass es sich einen Teil seines Futters erarbeiten muss und so sinnvoll beschäftigt ist.

Futter verstecken Verteilen Sie Gemüsestückchen und Grünfutter an unterschiedlichen Stellen im Außen- oder Innengehege, gern auch mal auf erhöhten Plätzen wie etwa einem stabilen Karton.

Futter auspacken Verwandeln Sie Toiletten- und Küchenpapierrollen aus Pappe in interessante

Besonders Wohnungskaninchen brauchen viel Anregung und Beschäftigung. Da kommt das Intelligenzspielzeug gerade recht. Und wer das Problem gelöst hat, bekommt dafür eine kleine Belohnung.

Forschungsobjekte. Die Rollen mit leckeren Häppchen füllen, ein paar Geruchslöcher hineinstechen und die Seiten mit Heu verstopfen. Auch geschlossene Eierkartons aus Pappe werden gern nach Leckerbissen durchforstet.

Gitterturm aus Zweigen Schichten Sie Zweige gitterförmig übereinander. Verteilen Sie obenauf Kräuter, Salat, Möhrenstückchen etc., die dann bis zum Boden durchfallen. Ihre Langohren arbeiten sich mit der Zeit durch beständiges Nagen zu den saftigen Leckerbissen durch.

Futterball Er ist innen hohl und kann etwa mit Trockenobst oder trockenen Gemüsestückchen gefüllt werden. Beim Anstupsen des Balls fallen die begehrten Häppchen heraus (→ Foto, Seite 28/29).

Futter am Gehegegitter Bündeln Sie Zweige mit Blättern und Knospen, und hängen Sie sie so hoch am Gittergehege auf, dass sich die Langohren danach recken und strecken müssen (→ Seite 48).

Futterkette Ziehen Sie mithilfe einer Stopfnadel Gemüse- und Obststückchen sowie Salatblätter auf einen naturfarbenen Bastfaden. Hängen Sie die Futterkette so im Gehege auf, dass sich die Hoppler auf die Hinterpfoten setzen müssen, um die saftigen Happen ins Mäulchen zu bekommen.

Für kleine Kaninchen-Genies

Intelligenzspielzeug bringt die »grauen Zellen« in Schwung und ist für unterforderte Wohnungskaninchen ein wunderbarer Zeitvertreib. Unter dem Namen »Einsteinchen« und »Cleverchen« wird im Fachhandel sehr empfehlenswertes Holzspielzeug angeboten (→ Internet-Adressen, Seite 62). Aber schauen Sie auch einmal in der Abteilung »Intelligenzspielzeug aus Holz für Hunde« vorbei. Das Spiel »Dog Brick« zum Beispiel beherrschen besonders intelligente Kaninchen mit der Zeit perfekt.

Urlaub, der allen Spaß macht

TIPPS VON DER KANINCHEN-EXPERTIN
Gabriele Linke-Grün

URLAUB ZU HAUSE Uns tut ein Ortswechsel gut, für Kaninchen dagegen bedeutet dies Stress pur. Eine fremde Umgebung, neue Gerüche und Geräusche versetzen sie in Angst und Schrecken. Ihre Langohren fühlen sich in ihrer gewohnten Umgebung am wohlsten.

TIERSITTER Kümmern Sie sich rechtzeitg um einen Tiersitter, der Ihre Hoppler in ihrem Zuhause versorgt, und weisen Sie ihn genau in die Pflege Ihrer Tiere ein. Wer keine Freunde, Bekannte oder Verwandte dafür zur Verfügung hat, kann sich beim örtlichen Tierschutzverein erkundigen.

EIN »NO GO« Keinesfalls dürfen Sie Ihre Kaninchen während Ihrer Abwesenheit einfach zu den Langohren von Freunden ins Gehege setzen. Das kann zu blutigen Auseinandersetzungen im begrenzten Raum führen. Kommen Sie bitte auch nicht auf die Idee, Ihre harmonische Kaninchengruppe getrennt unterzubringen. Anschließend erkennen sich die Tiere dann nicht mehr als Sippenmitglieder und müssen neu vergesellschaftet werden (→ Seite 39).

Gesunder Speiseplan

Kaninchen haben wie die meisten Pflanzenfresser einen ausgeprägten Geschmackssinn. Auf diese Weise ist das Wildkaninchen in der Lage, die vielen verschiedenen Pflanzenarten in der Natur zu unterscheiden. Aber auch unsere Langohren haben einen guten Geschmack und genießen die Abwechslung im Speiseplan.

Kaninchen und ihr besonderes Verdauungssystem

Im Winter ist das Nahrungsangebot für Wildkaninchen karg. Außer Moosen, Baumrinden und Flechten gibt es nicht viel zu knabbern. Doch selbst mit dieser dürftigen Nahrung kann das Kaninchen überleben. Sein Verdauungssystem ist in der Lage, das Beste aus dem kargen Futter herauszuholen.

Ein Wunder der Natur

Als reiner Pflanzenfresser braucht Mümmel rohfaserreiche Kost. Mit seinen scharfen Schneidezähnen teilt er die Futterpflanze in mundgerechte Teile und zermahlt diese auf den Kauflächen der Backenzähne. Im Mund wird die Nahrung eingespeichelt und schließlich verschluckt.

Futterverwertung Im Magen bleibt das Futter zunächst liegen, denn die schwache Magenmuskulatur kann es weder stärker zerkleinern noch weitertransportieren. Erst wenn Futter nachkommt, wird der Nahrungsbrei in den Dünndarm geschoben. Deshalb müssen Kaninchen ständig mümmeln. Sie nehmen täglich 70 bis 120 kleine Futterportionen zu sich. Im Dünndarm finden die eigentlichen Verdauungsvorgänge statt. Hier werden Fette, Kohlenhydrate und Eiweiß mithilfe von Gallenflüssigkeit der Leber und Sekret aus der Bauchspeicheldrüse zerlegt. Im Dickdarm zersetzen Bakterien und Mikroorganismen die schwer verdaulichen Pflanzenteile. Vom Dickdarm zweigt der Blinddarm ab, der fast ein Drittel des gesamten Verdauungstraktes einnimmt. Hier bildet sich der vitaminreiche Blinddarmkot aus noch nicht vollständig aufgeschlossenen Pflanzenteilen. Diesen feucht glänzenden, traubenförmigen Weichkot nimmt das Kaninchen direkt vom After auf und verwertet ihn so noch einmal. Im Enddarm entstehen schließlich trockene Kotkügelchen, die ausgeschieden werden.

Heu brauchen Langohren rund um die Uhr

Die Basis der gesunden Kaninchenernährung ist hochwertiges Heu. Es muss rund um die Uhr zur Verfügung stehen und sollte etwa 70 Prozent der Nahrung ausmachen. Heu reguliert die Verdauung, es hält schlank und sorgt dafür, dass sich die ständig nachwachsenden Zähne des Kaninchens auf natürliche Weise abnutzen.

Die Qualität des Heus ist wichtig

Gutes Heu enthält verschiedene Grassorten, Blüten und Wiesenkräuter. Es hat somit einen hohen Nährwert, weil darin wichtige Mineralstoffe enthalten sind. Und so erkennen Sie qualitativ gutes Heu:

- Die Farbe des Heus ist grünlich, keinesfalls gelb oder bräunlich.
- Es riecht angenehm würzig.
- Es sollte grob und nicht bereits zerfallen sein.
- Es staubt nicht.
- Es darf nicht feucht oder gar schimmlig sein.
- Es muss von ungedüngten Wiesen stammen.

Wer selbst kein Heu machen kann oder keinen Bio-Bauern als Lieferanten in der Nähe hat, findet im Zoofachhandel ein breites Angebot von Kräuter- und Wiesenheu.

Heu richtig lagern Heu muss trocken und dunkel lagern. In Plastiktüten schimmelt es schnell. Füllen Sie das Heu am besten in einen Baumwollbezug um, etwa in ein ausrangiertes Kopfkissen.

Heupellets und Heucobs Sie ersetzen keinesfalls die langstieligen Heuhalme. Die zusammengepressten kleinen Ballen haben viel zu kurze Fasern, die weder den natürlichen Zahnabrieb unterstützen noch eine gesunde Verdauung fördern.

Gutes, würziges Heu enthält verschiedene Grassorten, Blüten und Wiesenkräuter. Es hat einen hohen Nährwert und sorgt für den Zahnabrieb.

Wenn das Heu verweigert wird

Es gibt Kaninchen, die von Heu nichts wissen wollen. Die einfachste Lösung: Probieren Sie verschiedene Heusorten aus, denn die kleinen Racker sind mitunter sehr wählerisch. Und achten Sie auf Qualität. Altes, staubiges Heu reizt nicht nur die empfindlichen Nasenschleimhäute von Mümmel, sondern schmeckt wahrscheinlich auch für Kaninchen wie »eingeschlafene Füße«.

Zahnprobleme Falsche Fütterung kann Ursache für Zahnprobleme sein, beispielsweise dann, wenn vorwiegend Trockenfutter als Alleinfutter gegeben wird. Die Backenzähne können sich nicht ausreichend abnutzen und werden zu lang. Es bilden sich Haken und Spitzen, die in die Zunge und in die Backenschleimhaut einwachsen. Wie schmerzhaft

Futter muss man sich manchmal erarbeiten. Aber nach all der Mühe schmeckt es den beiden Kaninchen wahrscheinlich umso besser.

Maximo mümmelt vor sich hin – hier ein Hälmchen, dort ein Blättchen. Mit Verdauungsproblemen hat er bei diesen Miniportionen nicht zu kämpfen.

dann die Nahrungsaufnahme wird, kann man sich leicht vorstellen. Besonders Zwergkaninchen mit extrem flach gezüchteten Gesichtern leiden nicht selten unter einer erblich bedingten Gebissfehlstellung. Bei dieser Missbildung ist der Unterkiefer im Verhältnis zum Oberkiefer zu kurz bzw. zu lang. Ein natürlicher Zahnabrieb ist nicht möglich. Die Zähne wachsen zu lang, und das Tier kann keine Nahrung mehr aufnehmen. Die Zähne müssen dann turnusmäßig vom Tierarzt gekürzt werden.

Wasser stillt den Durst

Täglich frisches, sauberes Trinkwasser ist das richtige Kaninchengetränk. Es muss den Tieren stets zur Verfügung stehen. Die Trinkgewohnheiten von Mümmel & Co. sind unterschiedlich. Die einen trinken viel, die anderen wenig. Der Wasserbedarf hängt natürlich auch davon ab, ob und wie viel Trockenfutter bzw. Saftfutter die Kaninchen bekommen. Und das Klima spielt eine Rolle. An warmen Sommertagen wird – wie auch in unseren Kreisen – mehr getrunken. Lauwarmer Tee, etwa Kamille oder Fenchel, tut bei Verdauungsstörungen gut.

Wasser im Winter Leben die Kaninchen ganzjährig im Außengehege, stellen Sie den Wassernapf bei Minusgraden – am besten etwas erhöht – in die Schutzhütte, damit das Wasser nicht friert. Achtung bei Nippeltränken mit Metallröhrchen. Hier kann die Zunge des Tieres beim Trinken festfrieren.

Blinddarmkot ist lebenswichtig

WEICHER KOT Blinddarmkot ist traubenförmig, klebrig, glänzend und weich. Er wird direkt vom After aufgenommen und enthält lebenswichtige Vitamine, Proteine und Bakterien.

TROCKENER KOT Die trockenen Kotkügelchen sind das eigentliche »Endprodukt« der Verdauung und müssen entsorgt werden.

Kaninchen mögen es frisch und saftig

Noch vor wenigen Jahren dachte man, Trockenfutter sei das Nonplusultra für eine gesunde Kaninchenernährung. Heute weiß man es besser. Wer sich lange an der Gesundheit seiner Hoppler erfreuen möchte, füttert neben Heu vor allem saftiges Frischfutter. Wer seinen Tieren nur Trockenfutter bietet, muss damit rechnen, dass sie über kurz oder lang mit Zahnproblemen, Übergewicht und Darmerkrankungen zu kämpfen haben (→ Seite 44).

Da lohnt sich das Recken und Strecken. Die jungen Blätter der Hainbuche schmecken prima. Die Zweige mit Laub dürfen mehrmals in der Woche gefüttert werden.

Gutes von Mutter Natur

In unseren Breiten ist es selbst im Winter kein Problem, die Langohren mit Frischfutter zu versorgen. Gemüse und Obst werden das ganze Jahr über angeboten. Und ab Frühling bis in den Herbst hinein hat Mutter Natur sowieso von Haus aus den Tisch reichlich für unsere Kaninchen gedeckt.

Bekömmliche Gräser, Kräuter und Blumen Ackerminze, Basilikum, Beifuß, Beinwell, Bohnenkraut, Borretsch, Brunnenkresse, Dill, Estragon Gänseblümchen, Gras (kein Rasenschnitt), Huflattich, junge Brennnesseln, Kamille, Kerbel, Koriander, Liebstöckel, Löwenzahn, Luzerne, Majoran, Melisse, Oregano, Petersilie, Rosmarin, Pfefferminze, Bibernelle, Ringelblume, Salbei, Schafgarbe, Sonnenblume, Spitz- und Breitwegerich, Thymian, Zitronenmelisse.

Bekömmliches Gemüse Brokkoli, Blattspinat, Blumenkohl, Chicorée, Chinakohl, Fenchel, Grünkohl, Gurke, Knollensellerie, Kohlrabi mit Blättern, Maiskolben samt Blättern, Möhren mit Kraut, Paprika, Pastinake, Radieschen mit Blättern, Salat (alle Sorten ungespritzt – entweder Bioware oder aus dem eigenen Garten, Speisekürbis, Staudensellerie, Steckrübe, Tomaten, Topinambur, Zucchini (→ Fütterungstipps, Seite 49).

› Unverträglich und zum Teil giftig: rohe Bohnen, grüne Tomaten, Lauchgewächse, Triebe und Kraut von rohen Kartoffeln.

Genussvoll mampft Frieda die saftigen Blätter. Bei gesunder Ernährung und artgerechter Haltung können Kaninchen 10 Jahre und älter werden.

Vorsicht bei diesem Frischfutter

TROMMELSUCHT Diese Krankheit wird auch als Magenblähung bezeichnet und kann tödlich für ein Kaninchen enden. Der Magen wird durch Gase aufgebläht, die bei der Gärung von Futter entstehen. Leicht gärfähig ist z. B. frischer Rasenschnitt, Klee und Kohl. Auch verschimmeltes, nasses, fauliges, vereistes und stark belastetes Futter ebenso wie eine zu rasche Futterumstellung können eine Magenblähung auslösen (→ Seite 49).

FUTTER-SAMMELPLÄTZE Bedenkenlos sind naturbelassene Wiesen, alte Friedhöfe, Waldränder und verwilderte bzw. unbebaute Grundstücke. Meiden Sie schadstoffbelastete Straßenränder, mit Pestiziden und Herbiziden gespritzte Flächen und Wiesen, die als Hundespielplatz genutzt werden.

Bekömmliches Obst Apfel, Birne, Brombeeren, Clementinen (geschält), Erdbeeren, Hagebutten, Heidelbeeren, Himbeeren, Johannisbeeren (einschließlich der jungen ungespritzten Blätter), Kiwis (geschält), Mandarinen (geschält), Melone (geschält). Geben Sie Obst nur als »Leckerli« in kleinen Mengen und nicht täglich, da es zum Teil sehr zuckerhaltig ist. Äpfeln wird jedoch eine verdauungsfördernde Wirkung zugeschrieben, und sie sollen Darmproblemen vorbeugen. Verwöhnen Sie deshalb Ihre Kaninchen täglich mit etwa ein bis zwei Apfelspalten pro Tier.

› Unverträglich: Exotische Früchte wie etwa Avocado, Lychee, Papaya oder Mango.

Gesund durch den Winter

Im Winter brauchen Kaninchen im Außengehege besonders energiereiches Futter, denn um ihre Körpertempertur zu halten, müssen sich die Tiere viel bewegen und entsprechend mehr Energie aufwenden (→ Seite 24). Neben reichlich Heu füttern Sie am besten gehaltvolles Wurzelgemüse wie etwa Steckrüben, Möhren, Knollensellerie, Rote Bete, Fenchelknolle und Topinamburknolle. Daneben sind auch getreidefreie Trockenfuttermischungen, die vor allem Trockenkräuter, -gemüse und -obst enthalten, eine sinnvolle Nahrungsergänzung in der kalten Jahreszeit.

Und noch ein Tipp Wenn es besonders kalt ist, gefriert Frischfutter auch unter einem überdachten Futterplatz sehr schnell. Verteilen Sie deshalb mehrere kleine Futterportionen über den Tag. Sehr wasserhaltiges Saftfutter wie etwa Kopfsalat oder Gurke sollte bei hohen Minusgraden eher sparsam gefüttert werden, denn es verwandelt sich in kürzester Zeit in Tiefkühlkost. Das schadet auf Dauer der Gesundheit der Langohren.

Richtig füttern leicht gemacht

Heu und Saftfutter sind Pflicht auf dem Speiseplan gesund ernährter Kaninchen, aber auch Knabberkost darf nicht fehlen.

Gesunde Knabberkost

Das Benagen und Kauen von Ästen, Zweigen und Wurzeln erfüllt gleich mehrere Funktionen: Es sorgt für ein gesundes Zahnfleisch und natürlichen Zahnabrieb. Mit der Rinde nimmt das Kaninchen wichtige Nährstoffe auf, und es ist stundenlang beschäftigt. Zweige und Äste dürfen Blätter und Knospen haben, müssen aber ungespritzt sein. Bieten Sie die Zweige immer im Wechsel an.

Geeignetes Nagematerial Zweige von Apfel, Birne, Haselnuss, Erle, Fichte (Rottanne), Birke, Buche, Pappel, Ahorn, Linde, Esche und Weide. Giftig oder unverträglich: Eibe, Thuja, Eiche, Forsythie, Kastanie (→ Adressen im Internet, Seite 62).

Trockenfertigfutter kann sein, muss aber nicht sein

Vielleicht haben Sie bisher die Erörterung des Themas Trockenfutter vermisst. Ganz bewusst habe ich es erst hinter Heu, Saftfutter und Knabberkost gestellt, denn ein abwechslungsreich ernährtes Kaninchen braucht kein Trockenfutter. Allerdings haben es Stadtmenschen oft schwer, ihre Langohren mit »frischer Wiese« zu versorgen. Und bevor ein Tier hungert, kann hochwertiges Trockenfutter zum Einsatz kommen. Jedoch nicht als Alleinfutter, sondern zusätzlich zur täglichen Heuration, zu Frischfutter und Nagematerial.

Hochwertiges Fertigfutter Lesen Sie die Inhaltsangabe auf der Futterpackung genau. Gesundes Fertigfutter enthält vor allem getrocknete Gräser, Kräuter und Gemüse. Der Rohfasergehalt beträgt mindestens 16 Prozent, der Proteingehalt maximal 15 Prozent. Finger weg von Produkten, die einen hohen Getreideanteil, Melasse und Nüsse

Der Weiße Wiener ist in der Schneelandschaft gut getarnt. In aller Ruhe beknabbert er den kleinen Ast.

enthalten. Das sind Dickmacher. Und ein dickes Kaninchen leidet unter den gleichen Gesundheitsproblemen wie wir.

Struktur-Trockenfutter Dieses empfehlenswerte Fertigfutter aus dem Zoofachhandel besteht aus natürlichen Komponenten wie Luzerne, Maisflocken, Möhren. Es sorgt im Gegensatz zu den Pellets auch für den wichtigen Zahnabrieb.

Fütterungs-Tipps

Darauf sollten Sie bei der Fütterung achten:

Futterzeiten Heu und Wasser stehen rund um die Uhr zur Verfügung. Frischfutter-Rationen sind morgens und abends angesagt.

Futtermenge Sie hängt von verschiedenen Faktoren wie Größe, Alter, Bewegung, Trächtigkeit, Innen- bzw. Außenhaltung ab. Beispiel Zwergkaninchen: Pro Kaninchen zweimal täglich eine Handvoll Grünfutter wie Löwenzahn, Möhrengrün, Salat, dazu eine Möhre, ein Stück Knollensellerie und eine Apfelspalte. Bei einer Mischernährung mit Trockenfutter reichen einem erwachsenen Zwerg etwa 30 Gramm hochwertiges Fertigfutter pro Tag.

Gut gemischt Bieten Sie Frischfutter stets gemischt an, keinesfalls immer nur eine Sorte. Einseitige Ernährung kann Mangelerscheinungen und Verdauungsprobleme hervorrufen.

Gut gewaschen Obst, Gemüse und Salat vor dem Verfüttern mit lauwarmem Wasser waschen und anschließend abtrocknen bzw. trocken schwenken.

Frisch und knackig Ebenso wie wir mögen auch Kaninchen ihr Grünfutter so frisch wie möglich (→ Seite 46).

Gesundheitsschädlich Kekse, Kuchen, Schokolade, Bonbons, Salzstangen und Essensreste verträgt kein Kaninchen. Es kommt zu schmerzhaften Verdauungsstörungen bei dem Tier.

Sanfte **Futterumstellung**

TIPPS VON DER KANINCHEN-EXPERTIN
Gabriele Linke-Grün

LANGSAM UMSTELLEN Kaninchen vertragen keine abrupten Futterumstellungen. Wenn ein Langohr bei Ihnen einzieht, ernähren Sie es zunächst weiterhin so, wie das Tier es gewohnt ist – selbst wenn es bisher keinerlei Frischfutter, sondern nur Trockenfutter bekommen hat.

EINE FRAGE DER ZEIT Stellen Sie innerhalb von drei bis vier Wochen die Ernährung des Tieres um. Reduzieren Sie nach und nach das Trockenfutter. Anfangs geben Sie nur eine Apfelspalte (ohne Kerne) dazu, dann ein paar Löwenzahnblätter oder Grashalme. Verträgt Ihr Langohr alles gut, vergrößern sich die Frischfutterportionen täglich, die Trockenfutterration nimmt ab.

NEUE OBST- UND GEMÜSESORTEN Bieten Sie zunächst nur kleine Portionen davon an. Die geformten trockenen Kotkügelchen belegen, ob alles gut vertragen wird.

IM FRÜHJAHR Gewöhnen Sie Wohnungskaninchen an Gras und andere Wiesenpflanzen, bevor Sie die Tiere ab April/Mai ins Freigehege setzen (→ Tipp, Seite 47 links).

Pflege und Gesundheit

Mümmels Gesundheit ist in erster Linie von seinen Haltungsbedingungen und seiner gesunden Ernährung abhängig. Einzelhaltung, schmutzige Kaninchenheime, zu wenig Bewegung und ungesundes Futter sind die häufigsten Krankheitsauslöser. Doch all dem lässt sich glücklicherweise entgegenwirken.

Sauberkeit im Kaninchenheim

Natürlich sind nicht alle Krankheiten des Kaninchens auf schlechte Haltungsbedingungen zurückzuführen. Es gibt auch erbliche Dispositionen und Gesundheitsprobleme, die auf das Konto Qualzucht gehen. So leiden beispielsweise die langhaarigen Angorakaninchen unter einem lebensgefährlichen Hitzestau, wenn ihr Fell nicht vier- bis fünfmal im Jahr geschoren wird (→ Hitzschlag, Seite 58). Ihre langen Haare wachsen in die Augen, sodass es zu Hornhautreizungen kommt. Häufig entstehen Verdauungsstörungen durch Haarballen im Magen. Und Zwergkaninchen mit extrem flachen Gesichtern haben Zahnprobleme (→ Seite 45). Miniaturzüchtungen, die ausgewachsen weniger als ein Kilogramm wiegen, sind besonders krankheitsanfällig. Dennoch spielt die Hygiene im Kaninchenheim eine besonders wichtige Rolle. Schon häufig bekam ich Leserbriefe von Kaninchenhaltern, die mir von Hautpilzen, Parasiten, Fliegenmaden (→ Seite 59) oder offenen Läufen ihrer Tiere berichteten. Meine gründliche Nachfrage brachte leider vielfach das gleiche Ergebnis: unsaubere Haltung.

Verantwortung tragen

Wildkaninchen haben ihre Kotplätze außerhalb des Baus. Und das hat nicht nur mit der Markierung ihres Reviers zu tun, sondern es hat auch hygienische Gründe. In unserer Obhut steht den Langohren lediglich ein begrenzter Raum für ihre großen und kleinen Geschäfte zur Verfügung. Deshalb müssen wir es in die Hand nehmen, das Kaninchenheim regelmäßig zu reinigen. Übrigens fühlen ja auch wir uns in der Wohnung nach einer gründlichen Putzaktion besonders wohl. Allerdings vermitteln noch ein paar alte Kotkügelchen in der frischen Einstreu Ihren Kaninchen Heimatduft.

Ein **Pflegeplan** tut gute Dienste

TÄGLICH	› Futter- und Wassernäpfe mit heißem Wasser auswaschen und gut abtrocknen. › Frischfutter, das bis zum nächsten Morgen nicht gefressen wurde, entfernen. › Kotplätze säubern und mit frischer Einstreu versehen. › Platt getretenes Stroh gut auflockern. › In der warmen Jahreszeit die Tiere auf Fliegeneier bzw. Fliegenmaden hin untersuchen. › Teppichboden/Strohteppich im Wohnungsgehege saugen. › Langhaarige Kaninchen wie etwa Teddykaninchen bürsten.
WÖCHENTLICH	› Die gesamte Einstreu in den Ställen und Unterkünften ausmisten und neu einstreuen. › Gehegeboden säubern. › Bewegliche Einrichtungsgegenstände unter fließendem Wasser abbürsten. › Ohren, besonders bei Widderkaninchen, kontrollieren. › Wohnungskaninchen während des Fellwechsels bürsten.
MONATLICH	› Zähne kontrollieren.
HALBJÄHRLICH	› Impfung gegen Myxomatose.
JÄHRLICH	› Impfung gegen RHD und Kaninchenschnupfen.
BEI BEDARF	› Geschlechtsecken säubern.

Impfungen schützen

Eine wichtige Gesundheitsvorsorge für Langohren sind Schutzimpfungen gegen drei lebensgefährliche Krankheiten: RHD, Myxomatose und Kaninchenschnupfen. Auch Wohnungskaninchen sind vor einer Ansteckung nicht gefeit. Die Krankheiten verbreiten sich über andere Heimtiere, verseuchtes Grünfutter, Stechmücken, Menschen, die Umgang mit erkrankten Tieren hatten, oder über die Luft. Geimpft werden können alle gesunden Kaninchen nach vier bis sechs Lebenswochen. Besprechen Sie den Impfplan mit Ihrem Tierarzt.

RHD (Rabbit Haemorrhagic Disease)

Diese Virusinfektion wird auch als Chinaseuche bezeichnet, da sie 1984 erstmals in China auftrat.
Symptome Es gibt verschiedene Verlaufsformen vom plötzlichen Tod innerhalb eines Tages, der mit Krämpfen oder einem Blutsturz einhergeht, bis hin zu einem mehrtägigen Todeskampf mit Atemnot, blutigem Kot und Blutaustritt aus der Nase.

Myxomatose

Das tödliche Virus dieser Krankheit, auch Kaninchenpest genannt, wurde in Europa eingesetzt, um die Wildkaninchen-Populationen zu reduzieren.
Symptome Entzündete, geschwollene Augenlider mit eitrigem Augenausfluss, Schwellungen an Ohren, Lippen, Nase, im After- und Genitalbereich.

Kaninchenschnupfen

Diese bakterielle Infektion wird durch schlechte Haltungsbedingungen, die das Immunsystem des Tieres schwächen, begünstigt.
Symptome Nasenausfluss, schweres Atmen, Augenentzündung, Bronchitis, Ohren- und Lungenentzündung. Oft auch Schiefhaltung des Kopfes.

Das gepflegte Kaninchen

Eines muss man den Langohren zugestehen: Sie sind sehr reinlich. Gut zwei Stunden pro Tag widmen sie ihrer ausgiebigen Körperpflege. Vor allem das Fell muss stets tipptopp in Schuss sein, wenn es seine schützende Funktion behalten soll. Und an für sie selbst unerreichbaren Körperstellen wie etwa am Nacken hilft schon mal gern der Artgenosse. Auf diese Weise festigen die Mümmelmänner auch ihre Beziehung zueinander. Kaninchen, die draußen leben, tragen vom Frühjahr bis in den frühen Herbst hinein einen leichten Sommerpelz, in der kalten Jahreszeit bildet sich der dichte Winterpelz. Bei Wohnungskaninchen verläuft der Fellwechsel aufgrund der konstanten Temperaturen meist weniger intensiv. Sie verlieren oft das ganze Jahr hindurch Haare.

Unterstützung bei der Fellpflege

Gesunde kurzhaarige Kaninchen brauchen keine Unterstützung bei der Fellpflege. Angesagt ist sie jedoch bei den langhaarigen Hopplern.

Langhaarkaninchen Damit ihr Pelz nicht verfilzt, sollten langhaarige Kaninchen am besten täglich gebürstet werden. Verwenden Sie dazu eine Bürste mit Naturhaarborsten, und bürsten Sie immer in Wuchsrichtung des Fells. In der Natur hätten langhaarige Kaninchen keine Überlebenschance. Ihr Fell bietet aufgrund seiner Struktur keinen ausreichenden Schutz vor Kälte und Nässe, und es verschmutzt draußen zu schnell. Die Fellpflege ist für die Langohren nicht allein zu bewältigen. Beim Versuch, sich zu putzen, verschlucken die Tiere viele Haare, die sich im Magen zu Ballen, den sogenannten Bezoaren, sammeln und Verdauungsprobleme verursachen können. Besonders im Sommer ist es angebracht, langhaarigen Kaninchen eine schicke Kurzhaarfrisur zu verpassen, damit es nicht zu lebensgefährlichen Hitzestaus kommt. Angorakaninchen müssen sogar unbedingt vier- bis fünfmal im Jahr geschoren werden. Kaninchen können nämlich ihre Körpertemperatur nur in geringem Maß lediglich über die Ohren und durch eine etwas stärkere Atmung regulieren.

Hinweis Verwenden Sie beim Schneiden des Fells auf etwa 3 cm Länge eine Schere mit abgerundeten Ecken. Lassen Sie sich die richtigen Handgriffe vom Tierarzt oder einem erfahrenen Züchter zeigen. Übrigens zählen Kaninchen inzwischen auch beim Hundefriseur durchaus zur Kundschaft.

Überflüssiges Ohrschmalz wird mithilfe eines Papiertaschentuchs entfernt.

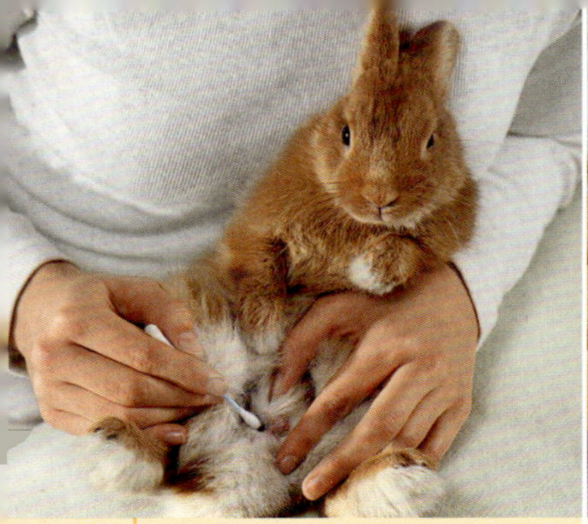

1 GESCHLECHTSECKEN Hin und wieder kann es nötig sein, die Geschlechtsecken neben den Geschlechtsteilen mit einem Wattestäbchen zu säubern.

2 KRALLEN Vor allem bei Wohnungskaninchen wachsen die Krallen oft zu lang und müssen mit einer Krallenzange gekürzt werden. Lassen Sie sich diese Handgriffe vom Tierarzt zeigen.

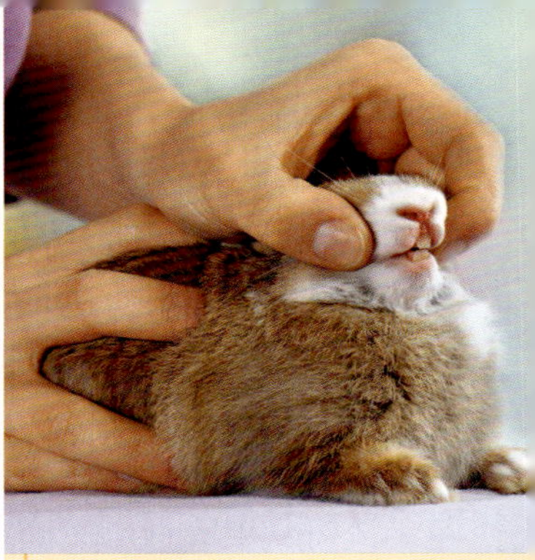

3 ZÄHNE Kaninchenzähne wachsen ein Leben lang. Die regelmäßige Zahnkontrolle zeigt, ob sich die Zähne genügend abnutzen.

Weitere Pflegemaßnahmen

Stimmen die Haltungsbedingungen und haben Sie sich nicht zum Kauf einer besonders pflegeaufwendigen Kaninchenrasse hinreißen lassen, ist es nur selten nötig, die Langohren bei ihrer Körperpflege zu unterstützen. Um jedoch ganz sicherzugehen, dass es Ihren Schützlingen gut geht, sollten Sie Folgendes in regelmäßigen Abständen kontrollieren:

Krallen Wie unsere Fingernägel, so wachsen auch die Krallen eines Kaninchens ständig nach. Haben die Tiere im Außengehege die Möglichkeit, auf verschiedenen Untergründen (Sand, Steine, Erde, Rindenmulch) zu laufen, nutzen sich die Krallen auf natürliche Weise ab. Doch besonders Wohnungskaninchen leiden oft unter zu langen Krallen. Diese wachsen krumm nach oben oder verformen sich nach innen und bohren sich dann in die Pfoten. Das Tier bleibt überall mit den Krallen hängen, und es hat Schmerzen beim Laufen. Zu lange Krallen müssen gekürzt werden. Lassen Sie sich die entsprechenden Handgriffe anfangs von Ihrem Tierarzt zeigen. Als Vorbeugung dienen z. B. Gehwegplatten im Innengehege, raue Fliesen und Korkröhren.

Zähne Kein oder zu wenig Heu und fehlendes Nagematerial sind die häufigsten Gründe für Zahnprobleme des Kaninchens. Im Foto oben sehen Sie die korrekte Zahnstellung der vorderen Zähne. Die Backenzähne dagegen kann man nicht so leicht kontrollieren. Beobachten Sie jedoch, dass die Haare um die Mundspalte herum stark mit Speichel verklebt sind und das Tier »leer« kaut, sollten Sie es sofort dem Tierarzt vorstellen (→ Seite 44).

Ohren Vor allem die schlecht belüfteten Hängeohren der Widderkaninchen bedürfen regelmäßiger Kontrollen. Überschüssiges Schmalz wird mit einem Papiertaschentuch entfernt. Beläge und anhaltendes Ohrschütteln muss der Tierarzt behandeln.

Geschlechtsecken Männchen und Weibchen haben beiderseits der Geschlechtsteile kleine unbehaarte Hauttaschen. Hier liegen die Leistendrüsen, die einen Duftstoff produzieren, der dem gegenseitigen Erkennen dient. Normalerweise sind die Geschlechtsecken sauber. Sammelt sich jedoch Sekret in den Taschen an, kann das zu Entzündungen führen. Entfernen Sie das Sekret mit einem in Babyöl getränkten Wattestäbchen.

Wenn das Kaninchen krank ist

Selbst bei besten Haltungsbedingungen kann es vorkommen, dass ein Kaninchen krank wird. Für uns ist es nicht leicht zu erkennen, ob es dem Langohr schlecht geht, denn es ist ein stiller Patient. Dieses Verhalten hat es von seinen wilden Verwandten, den Wildkaninchen, geerbt. In der Natur muss sich das Beutetier Kaninchen auch dann unauffällig und sehr ruhig verhalten, wenn es sich nicht wohlfühlt, um nicht unmittelbar im Magen von Fuchs, Marder oder Greifvogel zu landen.

Auffällige Krankheitsanzeichen

Eine schnelle Diagnose ist bei Kaninchen das A und O für eine erfolgreiche Behandlung. Beobachten Sie deshalb Ihre Langohren genau. Bitte gehen Sie unverzüglich zum Tierarzt, wenn Sie folgende Auffälligkeiten an einem Tier bemerken:

- Ein krankes Kaninchen hockt apathisch in einer Gehegeecke oder zieht sich ins Häuschen zurück.
- Es frisst und trinkt wenig oder gar nicht.
- Das Tier atmet schwer und flach.
- Es kratzt sich auffallend häufig.
- Das Kaninchen schüttelt permanent die Ohren und/oder hält den Kopf schief.
- Es speichelt stark.
- Die Augen/Nase zeigen einen Ausfluss.
- Der After ist kotverschmiert.
- Das Tier presst nur unter großer Anstrengung Kotbällchen hervor.

Hinweis Kontrollieren Sie Ihre Kaninchen regelmäßig auf Parasiten (→ Seite 56), Hautveränderungen, Wunden oder Verdickungen unter der Haut.

Das kranke Kaninchen richtig pflegen

Die Kardinalsfrage im Krankheitsfall lautet oft: Soll das kranke Tier von seinen Artgenossen getrennt werden oder nicht? Ich plädiere eindeutig für nicht trennen, denn selbst bei einer ansteckenden Krankheit ist die Ansteckung bei der Diagnose in der Regel längst erfolgt. Eine Trennung von Artgenossen setzt das kranke Tier noch mehr unter Stress, und

Hitzschlag. Als Sofortmaßnahme hilft es, ein feuchtes, nicht zu kaltes Handtuch über das Tier zu legen. Das senkt die Körpertemperatur.

es kann später zu Problemen bei der Wiederzusammenführung kommen (→ Seite 39). Wenn der Kaninchen-Patient Ruhe braucht, kann man im Freigehege einen Teil mit Maschendraht abtrennen, in welchem selbstverständlich ebenfalls ein Schutzhaus vorhanden sein muss. In der Wohnung schafft im Innengehege ein großzügiger Käfig – mit Häuschen als Rückzugsgebiet – ein Krankenbett, das auch Besuche von Artgenossen erlaubt.

Medizin eingeben Flüssige Arznei und zerriebene Tabletten können Sie beispielsweise in etwas Baby-Karottenbrei aus dem Gläschen mischen und in einem kleinen Schälchen anbieten. Ganze Tabletten versteckt man am besten in einem süßen Obststückchen. Hilfreich ist auch eine Einwegspritze ohne Nadel, die mit flüssiger Medizin oder der in Wasser aufgelösten Tablette gefüllt wird. Spritzen Sie die Medizin dem Tier langsam seitlich ins Mäulchen (→ Foto, Seite 58). Augentropfen werden verabreicht, indem man das untere Lid leicht nach unten zieht und die Tropfen einträufelt. Beim Auftragen von Salben, zum Beispiel auf Wunden, sollten Sie Einmalhandschuhe tragen.

Gesunde Kaninchen, die in sauberen Gehegen leben, wie hier der Rexzwergwidder Merlin, bleiben meist vor Parasitenbefall verschont.

Medizinische Bäder Bei Hauterkrankungen oder Parasitenbefall verordnet der Tierarzt eventuell medizinische Bäder. Handeln Sie nach Anweisung des Tierarztes. Kotverschmierte Hinterteile müssen gereinigt werden. Zum einen zieht das Parasiten an, zum anderen ist die Aufnahme des lebenswichtigen Blinddarmkots behindert (→ Seite 45). Je nach Verschmutzungsgrad muss das Hinterteil in einem Kamillenbad eingeweicht werden, bis sich die Kotplatten lösen. Dabei das Tier gut festhalten und danach das Fell abtrocknen. Gesunde Kaninchen hingegen brauchen kein Vollbad. Es verursacht ihnen Stress und birgt Erkältungsgefahren.

Häufige Hautparasiten

Gefährdet sind vor allem Langohren, die in unsauberen Gehegen leben müssen, unter permanentem Stress stehen (fehlende Rückzugsmöglichkeiten, Dauerlärm, Einzelhaltung etc.), durch Krankheit oder hohes Alter geschwächt sind. Suchen Sie bei Parasitenbefall sofort den Tierarzt auf.

› Läuse kann man mithilfe einer Lupe feststellen. Sie besitzen drei Beinpaare. Die Haut ist stellenweise gerötet und entzündet.

› Flöhe und ihr Kot, der wie schwarze Punkte aussieht, sind mit bloßem Auge erkennbar. Die Haut des Kaninchens hat gerötete Einstichstellen.

› Herbstgrasmilben sind auf Graswiesen zu finden. Ihre Larven siedeln sich gern auf weniger behaarten Stellen des Kaninchens an. Mit der Lupe sind sie als gelbliche Pünktchen zu erkennen. Ihre Mundwerkzeuge verursachen kleine Hautverletzungen und können eitrige Entzündungen hervorrufen.

Das tut gut: Diese beiden jungen Angorakaninchen baden ihre Pfoten im kühlen Wasser. Kaninchen sind sehr hitzeempfindlich und brauchen immer einen schattigen Platz als Rückzugsmöglichkeit.

› Räudemilbe, Grabmilbe, Raubmilbe und Pelzmilbe sind zum Teil gefährliche Parasiten. Die Grabmilbe etwa bohrt sich in die Haut und verursacht dem Langohr einen unerträglichen Juckreiz. Auf der Haut bilden sich Schuppen und Verkrustungen durch Kratzwunden. Auch Ohrmilben sind ernst zu nehmende Parasiten. Diese Milbenart setzt sich vor allem im Innenohr des Kaninchens fest. Sie verursacht eitrige Entzündungen und bisweilen Gleichgewichtsstörungen.

Richtig **Fieber messen**

Die Normaltemperatur eines Kaninchens liegt bei 38,5 bis 40 °C. Die Temperatur wird im After mithilfe eines Digitalfieberthermometers gemessen. Bestreichen Sie die Spitze des Thermometers am besten mit ein wenig Vaseline, damit es sich leichter einführen lässt.

Erste Hilfe kann Schlimmeres verhindern

Grundsätzlich sollten Sie immer sofort den Tierarzt aufsuchen, wenn Sie Veränderungen an Ihrem Kaninchen bemerken. Doch in manchen Fällen können Sie zumindest Erste Hilfe leisten.

Hitzschlag

Symptome Apathie, stoßweiße Atmung, bebende Flanken, aufgeblähte Nasenflügel, bläulich verfärbte Schleimhäute, taumelnde Bewegungen.
Sofortmaßnahme Das Tier an einen kühlen Ort bringen. Ein feuchtes, nicht zu kaltes Handtuch über den Körper legen (Kopf bleibt frei), um die Körpertemperatur abzusenken (→ Foto, Seite 55). Zur Unterstützung des Kreislaufs kann ein Teelöffel Bohnenkaffeegetränk mithilfe einer Einwegspritze ohne Nadel seitlich ins Mäulchen gegeben werden.

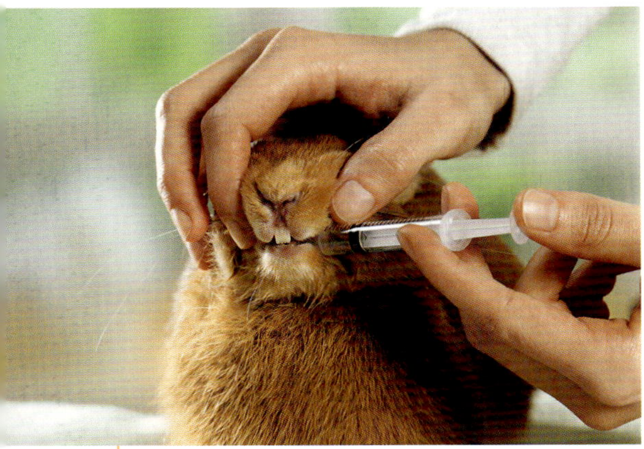

Flüssige Medizin wird mit einer Einwegspritze (ohne Nadel) langsam seitlich ins Mäulchen des Kaninchens gespritzt.

Bieten Sie dem Kaninchen frisches, kühles Wasser zum Trinken an. Keinesfalls zur Abkühlung kalt abduschen, baden oder mit Eisbeuteln behandeln!
Vorbeugung Im Freigehege oder auf dem Balkon stets für Schattenplätze sorgen. Bei versetzbaren Freigehegen daran denken, dass die Sonne im Laufe des Tages wandert. Bei der Wohnungshaltung kann eine Klimanlage für angenehme Temperaturen an heißen Sommertagen sorgen. Achten Sie immer auf eine gute Durchlüftung. Schaffen Sie kühle »Inseln« z. B. mit Kühlakkus, über die Sie eine große flache Auflaufform aus Keramik legen, oder mit ein paar Fliesen. Langhaarige Kaninchen während der Sommermonate scheren (→ Seite 53).

Durchfall

Symptome Weicher Kot, verschmutzte Afterregion, das Allgemeinbefinden ist nicht beeinträchtigt.
Mögliche Ursachen Futterumstellung (→ Seite 49), schädliches oder giftiges Futter, Infektion, Darmparasiten.
Sofortmaßnahme Verschmutzte Afterregion mit lauwarmem Wasser reinigen und abtrocknen. Eventuell das Fell am After vorsichtig kürzen. Das Kaninchen auf eine Diät mit Heu und Wasser setzen. Dazu Fenchel- oder Kamillentee anbieten. Wenn sich der Kot nicht innerhalb von 24 Stunden normalisiert hat, unbedingt den Tierarzt aufsuchen und eine Kotprobe mitnehmen.

Verstopfung

Symptome Das Tier presst nur unter großer Anstrengung Kotbällchen hervor. Der Bauch fühlt sich hart an.

Mögliche Ursachen Ansammlung von Haarballen (Bezoaren) im Magen, unregelmäßige Fütterung, zu viel Trockenfutter und zu wenig Wasser, Bewegungsmangel.
Sofortmaßnahme Nur Heu und Wasser anbieten, zusätzlich eventuell Fenchel- oder Kümmeltee. Für ausreichend Bewegung sorgen. Probieren Sie, ob eine sanfte Bauchmassage mit kreisenden Bewegungen die Verdauung wieder in Gang setzt. Wenn keine schnelle Besserung einsetzt, unbedingt den Tierarzt aufsuchen.

Fliegenlarven

Vor allem während der warmen Jahreszeit können die Larven verschiedener Fliegenarten das Leben eines Kaninchens bedrohen. Betroffen sind nicht nur Langohren, die draußen leben, sondern auch Wohnungskaninchen. Unsaubere Gehege, kleine Verletzungen und kotverschmierte, nässende Afterregionen ziehen die Fliegen magisch an. Sie legen ihre Eier in kleinsten Wunden oder im verschmutzten Afterbereich ab. Binnen weniger Stunden schlüpfen aus den Eiern Maden. Sie bohren sich in die Haut des Kaninchens und fressen es buchstäblich bei lebendigem Leib auf.
Sofortmaßnahme Fliegeneier erkennt man als kleine, weiße Punkte. Maden sehen wie kleine, dicke, weiße Würmer aus. Checken Sie Ihre Kaninchen regelmäßig. Fliegeneier bzw. Maden sofort entfernen und das Kaninchen unmittelbar dem Tierarzt vorstellen.
Vorbeugung Sorgen Sie für ein sauberes Gehege. Auch kleinste Wunden am Körper des Kaninchens mit Schwedenbitter oder Calendula-Tinktur behandeln. Kotverschmiertes oder urinnasses Fell um die Afterregion mit lauwarmem Wasser reinigen und eventuell wegschneiden. Alles gut abtrocknen.

Die **Kastration** ist wichtig

TIPPS VON DER KANINCHEN-EXPERTIN
Gabriele Linke-Grün

GESCHLECHTSREIF Kaninchen sind je nach Größe und Rasse bereits mit 12 Wochen geschlechtsreif.

KEINE EINZELHALTUNG Kaninchen brauchen Artgenossen. Bei gleichgeschlechtlichen Tieren kommt es auf begrenztem Raum zu Dauerstreitigkeiten. Gut dagegen verstehen sich Paare bzw. gemischte Gruppen. Ohne Kastration gibt es jedoch permanent Nachwuchs. Überfüllte Tierheime und Notaufnahmen sind die Folge.

KASTRATION Dabei werden dem Rammler die Hoden, der Häsin die Eierstöcke (eventuell auch die Gebärmutter) entfernt. Risikoreicher ist der Eingriff bei der Häsin, weil bei ihr am offenen Bauchraum operiert werden muss.

FRÜHKASTRATION Sie wird beim Rammler im Alter zwischen acht und zwölf Wochen praktiziert. Der Vorteil: Unmitttelbar nach der Operation kann das Tier wieder zu seinen Artgenossen. Bei einer späteren Kastration muss es für sechs Wochen in »Einzelhaft«, weil es während dieser Zeit noch zeugungsfähig ist.

Die **halbfett** gesetzten Seitenzahlen verweisen auf Abbildungen, U = Umschlag, UK = Umschlagklappe.

A

B

C

D

E

F

G

H

I

Die Inhalte dieses Buches beziehen sich auf die Bestimmungen des deutschen Arten- bzw. Tierschutzes. In anderen Ländern können die Angaben abweichend sein. Erkundigen Sie sich im Zweifelsfall bei Ihrem Zoofachhändler oder der entsprechenden Behörde.

Adressen

› Zentralverband Deutscher Rasse-Kaninchenzüchter e. V. (ZDRK), Peter Mickmann, Mittelfeldweg 19b, 27607 Langen, www.zdrk.de
› Bundesarbeitsgruppe Kleinsäuger e. V, Binzer Str. 11, 04207 Leipzig (nur Fragen zur Haltung möglich!), www.bag-kleinsaeuger.de
› Rassezuchtverband Österreichischer Kleintierzüchter (RÖK), Geschäftsstelle: Günther Wimmer, Unterlochnerstr. 13/B, A-5230, Mattighofen, www.kleintierzucht-roek.at
› Rassekaninchen Schweiz, c/o Armin Wyss, Sonnenau 125 a, CH-9108 Gonten, www.kleintiere-schweiz.ch
› Deutscher Tierschutzbund e. V., Baumschulallee 15, 53115 Bonn, www.tierschutzbund.de
› Schweizer Tierschutz (STS), Dornacher Str. 101, CH-4008 Basel, www.tierschutz.com

Wichtiger **Hinweis**

› Verletzungen Im Umgang mit dem Kaninchen kann es durch Kratzen und Beißen zu Verletzungen kommen. Lassen Sie solche Verletzungen vom Arzt behandeln.

› Allergie Menschen mit einer Tierhaar-Allergie sollten vor der Anschaffung eines Kaninchens unbedingt den Arzt befragen.

› Stromunfälle Um lebensgefährliche Stromunfälle zu vermeiden, achten Sie darauf, dass Ihr Kaninchen keine elektrischen Leitungen benagt.

Fragen zur Haltung

beantworten Ihr Zoofachhändler und der Zentralverband Zoologischer Fachbetriebe Deutschlands e. V. (ZZF), Tel.: 0611/44755332 (nur telefonische Auskunft möglich: Mo 12-16 Uhr, Do 8-12 Uhr), www.zzf.de

Kaninchen im Internet

› Praxisinformationen zu Haltung, Pflege, Ernährung, Gesundheit und Zucht. Ausstellungs-Infos und Kaninchen-Foren:
www.kaninchen.at
www.kaninchenweb.de
www.kaninchen-online.de
www.kaninchenzucht.de
www.kaninchenschutz.de
www.sweetrabbits.de
www.zwergkaninchen.info
www.zwergkaninchen.net
› Gesunde Knabbereien, artgerechte Beschäftigung, Intelligenzspiele:
www.kaninchenladen.de
www.just4bun.de
› Tipps zum Gehegebau:
www.kaninchengehege.de
www.kaninchengehege.com
› Tipps zur Freilaufhaltung:
www.freilaufkaninchen.de
› Notfallhilfe, Tiervermittlung, Patenschaften und Tierschutzarbeit:
www.bunnyhilfe.de
www.kaninchenhilfe.at
www.nagerstation.ch
› Alles Wissenswerte über giftige Pflanzen in Haus und Garten:
www.giftpflanzen.ch

Bücher

› Linke-Grün, Gabriele/Wegler, Monika: Typisch Zwergkaninchen. Der Schlüssel zur Seele Ihres Kaninchens. Gräfe und Unzer Verlag, München
› McBride, Anne: Kaninchen verstehen. Pala-Verlag, Darmstadt
› Morgenegg, Ruth: Artgerechte Haltung – ein Grundrecht auch für (Zwerg-)Kaninchen. Kaufmann Verlag, Lahr
› Wegler, Monika: Kaninchen im Außengehege. Gräfe und Unzer Verlag, München

Zeitschriften

› Kaninchenzeitung. Hobby- und Kleintierzüchter Verlagsgesellschaft, www.kaninchenzeitung.de
› Rotentia. Fachzeitschrift für Kleinsäuger. Natur und Tier Verlag, Münster, www.ms-verlag.de
› Ein Herz für Tiere. Gong Verlag, Ismaning, www.herz-fuer-tiere.de

Dank

Autorin und Verlag danken Claudia Schulze vom Kaninchenladen dafür, dass sie uns Intelligenzspielzeug für Kaninchen zur Verfügung gestellt hat (www.kaninchenladen.de).

Die werden Sie auch lieben.

ISBN 978-3-8338-0520-2

ISBN 978-3-8338-0866-1

ISBN 978-3-8338-1165-4

ISBN 978-3-8338-1198-2

ISBN 978-3-8338-0521-9

ISBN 978-3-8338-1714-4

www.gu.de: Blättern Sie in unseren Büchern, entdecken Sie wertvolle Hintergrundinformationen sowie unsere Neuerscheinungen.

GU

Willkommen im Leben.

Unsere Garantie

Alle Informationen in diesem Ratgeber sind sorgfältig und gewissenhaft geprüft. Sollte dennoch einmal ein Fehler enthalten sein, schicken Sie uns das Buch mit dem entsprechenden Hinweis an unseren Leserservice zurück. Wir tauschen Ihnen den GU-Ratgeber gegen einen anderen zum gleichen oder ähnlichen Thema um.

Liebe Leserin und lieber Leser,

wir freuen uns, dass Sie sich für ein GU-Buch entschieden haben. Mit Ihrem Kauf setzen Sie auf die Qualität, Kompetenz und Aktualität unserer Ratgeber. Dafür sagen wir Danke! Wir wollen als führender Ratgeberverlag noch besser werden. Daher ist uns Ihre Meinung wichtig. Bitte senden Sie uns Ihre Anregungen, Ihre Kritik oder Ihr Lob zu unseren Büchern. Haben Sie Fragen oder benötigen Sie weiteren Rat zum Thema? Wir freuen uns auf Ihre Nachricht!

Wir sind für Sie da!
Montag – Donnerstag: 8.00 – 18.00 Uhr;
Freitag: 8.00 – 16.00 Uhr
Tel.: 0180-5 00 50 54*
Fax: 0180-5 01 20 54*
*(0,14 €/Min. aus dem dt. Festnetz/ Mobilfunkpreise max. 0,42 €/Min.)
E-Mail:
leserservice@graefe-und-unzer.de

P.S.: Wollen Sie noch mehr Aktuelles von GU wissen, dann abonnieren Sie doch unseren kostenlosen GU-Online-Newsletter und/oder unsere kostenlosen Kundenmagazine.

GRÄFE UND UNZER VERLAG
Leserservice
Postfach 86 03 13
81630 München

Projektleitung: Anita Zellner
Bildredaktion: Gabriele Linke-Grün, Waltraud Flöter, Petra Ender (Cover)
Umschlaggestaltung und Layout: independent Medien-Design, Horst Moser, München
Herstellung: Claudia Häusser, Anna Bäumner
Satz: Uhl + Massopust, Aalen
Reproduktion: Longo AG, Bozen
Druck: Firmengruppe APPL, aprinta druck, Wemding
Bindung: Firmengruppe APPL, sellier druck, Freising

Printed in Germany

ISBN 978-3-8338-2407-4

1. Auflage 2012

Umwelthinweis

Dieses Buch ist auf PEFC-zertifiziertem Papier aus nachhaltiger Waldwirtschaft gedruckt.

Ein Unternehmen der
GANSKE VERLAGSGRUPPE

Die Autorin

Gabriele Linke-Grün arbeitet seit vielen Jahren als freie Journalistin für verschiedene Tierzeitschriften und Schulbuchverlage. Für den Gräfe und Unzer Verlag ist sie als Autorin und Lektorin tätig und hat bereits mehrere erfolgreiche Heimtier-Titel geschrieben. Ihr besonderes Anliegen ist es, Kaninchen-Haltern das Wesen und die Bedürfnisse der Tiere näherzubringen und damit für eine gute Lebensqualität der Kaninchen zu sorgen.

Die Fotografin

Monika Wegler gehört zu den besten Heimtierfotografen Europas. Auch als Journalistin und Tierbuch-Autorin ist sie sehr erfolgreich. Bekannt geworden ist sie außerdem durch ihre beliebten Tierkalender und Veröffentlichungen in Zeitschriften und Werbung. Wer mehr über ihre Arbeit erfahren möchte, kann sich ausführlich auf ihrer Homepage informieren: www.wegler.de
Alle Fotos in diesem Ratgeber stammen von Monika Wegler.

Syndication:
www.jalag-syndication.de